"十四五"职业教育国家规划教材

计算机组装与维护

（第5版）

段 欣 谢夫娜 主 编◎

于景辉 赵淑娟 纪彩凤 吴锦亮 副主编◎

董 蕾 主 审◎

U0259072

电子工业出版社

Publishing House of Electronics Industry

北京·BEIJING

内 容 简 介

本书根据教育部颁发的中等职业学校专业教学标准中的相关教学内容和要求编写。本书的编写从满足经济发展对高素质劳动者和技能型人才的需要出发,在课程结构、教学内容、教学方法等方面进行了新的探索与改革创新,以利于学生更好地掌握本课程的内容,利于学生理论知识的掌握和实际操作技能的提高。

本书采用模块、任务教学的方法,通过具体的任务讲述计算机硬件安装与调试、软件安装与调试、数据安全存储与恢复、故障诊断与排除、性能测试与系统优化等内容,并配有教学指南、电子教案、素材等。

本书是中等职业学校计算机应用及相关专业的技能核心教材,可作为各类计算机培训机构的教学用书,还可供计算机组装与维修从业人员参考学习。

未经许可,不得以任何方式复制或抄袭本书之部分或全部内容。

版权所有,侵权必究。

图书在版编目(CIP)数据

计算机组装与维护 / 段欣,谢夫娜主编. —5 版. —北京:电子工业出版社,2021.11

ISBN 978-7-121-42515-8

Ⅰ.①计… Ⅱ.①段… ②谢… Ⅲ.①电子计算机—组装—中等专业学校—教材 ②计算机维护—中等专业学校—教材

Ⅳ.①TP30

中国版本图书馆 CIP 数据核字(2021)第 261334 号

责任编辑:关雅莉　　文字编辑:徐　萍
印　　刷:北京瑞禾彩色印刷有限公司
装　　订:北京瑞禾彩色印刷有限公司
出版发行:电子工业出版社
　　　　　北京市海淀区万寿路 173 信箱　邮编　100036
开　　本:880×1 230　1/16　印张:12.25　字数:274.4 千字
版　　次:2010 年 2 月第 1 版
　　　　　2021 年 12 月第 5 版
印　　次:2023 年 12 月第 10 次印刷
定　　价:39.90 元

凡所购买电子工业出版社图书有缺损问题,请向购买书店调换。若书店售缺,请与本社发行部联系,联系及邮购电话:(010)88254888,88258888。

质量投诉请发邮件至 zlts@phei.com.cn,盗版侵权举报请发邮件至 dbqq@phei.com.cn。

本书咨询联系方式:(010)88254550,zhengxy@phei.com.cn。

PREFACE

前言

为贯彻党的二十大精神"统筹职业教育、高等教育、继续教育协同创新，推进职普融通、产教融合、科教融汇，优化职业教育类型定位。"落实新修订的《中华人民共和国职业教育法》和《中共中央办公厅国务院办公厅印发〈关于推动现代职业教育高质量发展的意见〉的通知》(中办发〔2021〕43 号)，面向经济社会发展和职业岗位需要，对接最新职业标准和行业标准、岗位规范，满足计算机应用产业高质量发展对高素质劳动者和技术技能人才的需求，推动职业教育高质量发展，面向计算机维修工等职业，计算机软件与硬件操作等岗位（群）的能力总体要求，提高人才培养规格和质量，参照国家中等职业学校专业教学标准，编写本教材。本教材的开发全面落实立德树人的根本任务，突显职业教育类型特征，遵循技术技能人才成长规律和学生身心发展规律，在教材结构、教材内容、呈现形式、教学方法等方面进行了探索，本着科学、务实的态度，融职业精神、职业能力和综合素质于一体，使学生获得与工作岗位需要相一致的职业能力。

■ 本书特色

本书根据教育部颁发的中等职业学校专业教学标准中的相关教学内容和要求编写。

本书按照"以服务为宗旨，以就业为导向"的职业教育办学指导思想，采用"行动导向，任务驱动"的方法，以任务引领知识的学习，通过任务的具体操作引出相关的知识点，通过"任务描述"和"任务实施"，引导学生在"学中做""做中学"，把基础知识的学习和基本技能的掌握有机地结合在一起，从具体的操作实践中培养学生的应用能力，并通过"知识拓展"追加相关小技巧等提高知识性，进一步开阔学生视野，最后通过"达标检测"，促进学生巩固所学知识并熟练操作。本书的经典案例来自生活，更符合中职学生的理解能力和接受程度。

本书采用模块教学的方法，共分 7 个模块，依次介绍了计算机系统、硬件安装与调试、BIOS 基本设置、软件安装与调试、数据安全存储与恢复、故障诊断与排除、性能测试与系统优化等内容。

本次修订的第 5 版，为了与岗位对接密切，对部分软件的版本进行了修改，适当增加了计算机组装维护方面职业素养的任务、故障诊断与排除的任务，并增加了计算机通用的维修方案。

■ 本书作者

本书由山东省教育科学研究院段欣、济南信息工程学校谢夫娜担任主编，青岛经济职业学校于景辉、齐河县职业中等专业学校赵淑娟、青岛市城阳区职业教育中心纪彩凤、联想教育科技（北京）有限公司吴锦亮担任副主编，山东电子职业学院董蕾老师担任主审。

■ 教学资源

为了提高学习效率和教学效果，方便教师教学，本书还配有电子教学参考资料包，包括教学指南、电子教案、素材及微课等，请有需要的教师登录华信教育资源网免费注册后下载。如有问题请在网站留言板留言或与电子工业出版社联系。

由于编者水平有限，书中难免有错误和不妥之处，恳请广大师生和读者批评指正。

编 者

2021 年 3 月

CONTENTS

模块 1

•••••认识计算机

任务① 认识计算机系统的组成

任务描述

一个完整的计算机系统由硬件系统和软件系统两大部分组成。通过观察计算机的结构及主要部件，了解计算机硬件的各个组成部分及其作用，知道存储器的分类；通过学习活动让学生体验软件的分类及其作用，并归纳计算机系统的组成结构。

任务清单

任务清单如表 1-1 所示。

表 1-1　认识计算机系统的组成——任务清单

任务目标	【素质目标】 在计算机发展史中融入我国在计算机领域的成就，激发学生的爱国主义情怀； 通过小组分工合作绘制计算机硬件体系结构，培养积极的心态与耐心细致沟通的能力。 【知识目标】 掌握计算机硬件组成； 了解计算机软件系统的组成； 掌握计算机发展史。 【能力目标】 能绘制计算机硬件系统的框架图。
任务重难点	【重点】 掌握计算机系统组成； 掌握计算机硬件系统的框架图。 【难点】 计算机硬件体系结构。
任务内容	1. 计算机硬件组成； 2. 计算机软件系统； 3. 计算机架构； 4. 计算机的发展及分类。

工具软件	PC 1 台； 任务实施清单。
资源链接	微课、图例、PPT 课件、实训报告单。

任务实施

1. 每组提供能上网的计算机一台，打开机箱观察计算机的各个部件。

2. 思考问题：

（1）计算机系统由哪几部分组成，各有何作用？

（2）计算机各部件之间的关系如何？

（3）计算机常用的辅助存储器有哪些？

（4）计算机常用的输入输出设备有哪些？

（5）计算机常用的操作系统有哪些？

（6）计算机的工作过程是怎样的？

3. 上网搜索计算机系统组成的相关信息，回答上述问题。

4. 完成实训报告。

1.1 计算机硬件组成

1. 计算机硬件体系结构

硬件指的是计算机系统中由电子、机械和光电元器件等组成的各种计算机部件和计算机设备。这些部件和设备依据计算机系统结构的要求，构成一个有机整体，称为计算机硬件系统。它是计算机完成工作的物质基础。

1946 年，冯诺依曼提出了存储程序原理，把程序本身当作数据来对待，程序和该程序处理的数据用同样的方式储存，由此设计出了一个完整的现代计算机雏形，并确定了存储程序计算机的五大组成部分和基本工作方法。存储程序工作原理决定了计算机硬件系统的五个基本组成部分，如图 1-1 所示。

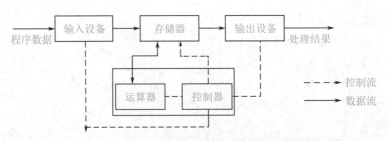

图 1-1　计算机硬件系统的五个基本组成部分

（1）中央处理器

中央处理器（CPU）是将运算器、控制器、高速内部缓存集成在一起的超大规模集成电路芯片，是计算机中最重要的核心部件。它的工作速度和计算精度等性能对计算机的整体

计算机组装与维护（第5版）

性能有决定性影响。

运算器负责对信息进行加工和运算，它的速度决定了计算机的运算速度。参加运算的操作数由控制器指示从存储器或寄存器中取出并送到运算器。控制器是整个计算机系统的控制中心，它指挥计算机各部分协调工作，保证计算机按照预先规定的目标和步骤有条不紊地进行操作及处理。

（2）存储器

存储器是具有记忆功能的设备，由具有两种稳定状态的物理器件（也称记忆元件）存储信息。存储器分为两大类：内存储器和外存储器，简称内存和外存。内存储器又称主存储器，外存储器又称辅助存储器。计算机中的内存一般是指随机存储器（RAM）。

（3）输入输出设备

常用的输入设备有鼠标、键盘、扫描仪、数码相机、条码阅读器等。输出设备是指从计算机中输出信息的设备。最常用的输出设备是显示器、打印机、音箱和绘图仪等。

2. 计算机架构及主要硬件

（1）计算机架构

一般来说，个人计算机（PC）从系统架构上分为两种，分别是国际商用机器公司（IBM）集成制定的 IBM PC/AT 系统标准，以及苹果公司所开发的麦金塔系统。常见的一般是前者。从发展趋势来看，计算机系统架构的发展方向是集成化越来越高，附件越来越少，与平板、手机的架构界限越来越模糊，并向单芯片化方向发展。

（2）计算机主要硬件

计算机硬件是衡量一台计算机性能高低的标准。常见的计算机中直观看到的只有显示器、主机、键盘、鼠标。主机中的常用设备有主板、CPU、内存、硬盘、显卡、机箱电源等。

1.2 计算机软件系统

1. 计算机软件系统的构成

软件系统包括系统软件和应用软件两大类。系统软件是控制和协调计算机及其外部设备、支持应用软件的开发和运行的软件，其主要功能是进行调度、监控和维护系统，主要包括操作系统软件（DOS、Linux、Windows 等）、各种语言的处理程序（低级语言、高级语言、编译程序、解释程序等）、各种服务性程序（机器调试、故障检查、诊断程序和杀毒程序等）、各种数据库管理系统（SQL Sever、Oracle、Informix）等。如果把计算机比喻成一个人的话，那么硬件就是人的身躯，而软件则是人的思想、灵魂。一台没有安装任何软件的计算机我们把它称为"裸机"。

2. 主流操作系统

操作系统（Operating System，OS）是管理和控制计算机硬件与软件资源的计算机程序，是直接运行在"裸机"上的最基本的系统软件，任何其他软件都必须在操作系统的支持下才能运行。

操作系统为用户程序提供接口，协调各应用程序使用硬件资源。目前，个人计算机的操作系统主要有 Windows 系统、苹果笔记本上运行的 iOS 系统；移动终端的操作系统主要有鸿蒙、安卓、苹果 iOS、黑莓、塞班及 Windows。

1.3 计算机发展史

1. 历史上的计算工具

历史上的计算工具如图 1-2 所示。

算筹　　　　　　　算盘　　　　　　　机械计算尺
中国·春秋战国　　　中国·公元600年　　欧洲·公元17世纪

图 1-2　历史上的计算工具

（1）算筹

根据史书的记载和考古材料的发现，古代的算筹实际上是一根根同样长短和粗细的小棍子，一般长为 13~14 cm，径粗 0.2~0.3 cm，多用竹子制成，也有用木头、兽骨、象牙、金属等材料制成的，大约 270 枚为一束，放在一个布袋里，系在腰部随身携带。需要计数和计算的时候，就把它们取出来，放在桌上、炕上或地上摆弄。别看这些都是一根根不起眼的小棍子，在中国数学史上却是立了大功的。而它们的发明，也同样经历了一个漫长的历史发展过程。

（2）算盘

中国使用的一种计算用具，历史悠久。算盘为长方形，木框中嵌有细杆，杆上串有算盘珠，算盘珠可沿细杆上下拨动，通过用手拨动算盘珠来完成算术运算。

（3）机械计算尺

17 世纪初，计算工具在西方国家得到了较快的发展。首先是闻名于世的英国数学家纳皮尔（J. Napier）最早创立了对数概念，并介绍了一种新的数字运算工具，即后来被人们称为"纳皮尔计算尺"的计算工具。这种计算工具由十根长条状的木棍组成，木棍的表面雕刻着类似于乘法表的数字，纳皮尔用它进行乘除法计算，使数字计算工作得到极大简化。

2. 第一台电子计算机

世界上第一台电子计算机 ENIAC（Electronic Numerical Integrator and Calculator，

ENIAC）于 1946 年 2 月 14 日在美国宾夕法尼亚大学诞生，如图 1-3 所示。这台叫作"埃尼阿克"的计算机占地面积达 150 平方米，总重量 30 吨，使用了 18000 只电子管、6000 个开关、7000 只电阻、10000 只电容、50 万条线，耗电量 140 千瓦，可进行每秒 5000 次的加法运算。这台计算机的问世，标志着计算机时代的开始。

3．IBM 个人计算机

IBM PC 是美国 IBM 公司在 1981 年推出的个人计算机。20 世纪 80 年代，IBM 推出以英特尔 X86 硬件架构及基于微软公司 MS-DOS 操作系统的个人计算机，并制定以 PC/AT 为 PC 的规格。IBM PC/AT 标准由于采用 X86 开放式架构而获得大部分厂商的支持，成为市场主流，因此一般所说的 PC 均指 IBM PC 兼容机，此架构中的中央处理器采用英特尔或超微等厂商所生产的中央处理器。如图 1-4 为典型的 IBM PC 外观。

图 1-3　世界上第一台电子计算机 ENIAC　　　　图 1-4　典型的 IBM PC 外观

IBM 于 2005 年将 PC 业务出售给了联想，并且授权准许联想在后续产品中继续使用 IBM 商标。根据授权，联想已经于 2006 年 10 月以后生产的 ThinkPad 系列笔记本电脑停止使用 IBM 商标，并启用了 Lenovo 标志。因此 IBM 笔记本电脑准确的说法应该是 ThinkPad 笔记本电脑。但是由于 IBM 笔记本电脑长期以来积累起来的良好口碑，国内一般习惯于继续称其为 IBM 笔记本电脑。

4．Mac 计算机

Mac 计算机可以泛指所有由苹果公司设计生产并且运行 Mac OS 操作系统的个人计算机。首款 Mac 计算机于 1984 年生产，是苹果公司继 Apple Lisa 后第二款具备图形使用接口的个人计算机产品，由于其销售成功，故常被认为是首款将图形用户界面（GUI）成功商品化的个人计算机。如图 1-5 所示为苹果公司于 1984 年生产的 28K 型号 Mac 计算机。

初代 Mac 计算机与 1984 年同时期的其他个人计算机相比创新之处在于图形用户接口，使用鼠标作为工具进行"双击""拖放"等操作，"所见即所得"的文字处理系统以及图像修改软件等美观而且合乎人体工学的工业设计。

5．世界上第一台便携式计算机

世界上第一台真正意义上的笔记本电脑是 1985 年由日本东芝公司设计的 T1000，如

图 1-6 所示。配置为 Intel 8086 CPU、512 KB RAM、9 英寸的单色显示屏、没有硬盘、ROM 内装有 MS-DOS 操作系统，大小 12 英寸×2 英寸×11 英寸，整机重量为 6.4 镑，提供了一个完整大小的 82 键键盘，一个 3.5 英寸的 720 KB 软驱、512 KB 的 RAM 和一个内置的调制解调器。

图 1-5　28K 型号 Mac 计算机

图 1-6　东芝 T1000 笔记本电脑

6. 典型的 PC

（1）台式计算机

台式计算机简称台式机，是个人计算机的一种，相对于方便携带的笔记本电脑而言，其可扩展性强、有较大的散热空间，但只适合固定的办公场所。图 1-7 为典型的台式计算机外观。

（2）笔记本电脑

笔记本电脑又称为"便携式电脑、手提电脑、掌上电脑或膝上型电脑"，是一种小型、可便于携带的个人电脑。发展趋势是体积越来越小，重量越来越轻，功能越来越强。笔记本电脑和台式机的主要区别在于便携性，它对主板、CPU、内存、显卡、硬盘的容量等有不同的要求。为了缩小体积，笔记本电脑采用了液晶显示器，除键盘外，还装有触控板或触控点作为定位设备。

当今的笔记本电脑正在根据用途分化出不同的趋势，上网本趋于日常办公及欣赏电影；商务本趋于稳定低功耗获得更长久的续航时间；家用本拥有不错的性能和很高的性价比；游戏本则是专门为了迎合少数人群游戏使用的。目前，市场上主流笔记本电脑的品牌有苹果、联想、华为、惠普、微软、华硕等。图 1-8 为典型的笔记本电脑外观。

图 1-7　典型的台式计算机外观

图 1-8　典型的笔记本电脑外观

（3）一体机

一体机是一种集微处理器、主板、硬盘、屏幕、喇叭、视频镜头及显示屏于一体的台式机。与普通台式机相比，一体机具有节省空间、摆放位置随意、简化连线、使用简单方便、造型美观、满足家居设计等特点。但由于屏幕和主机集于一身，要做到小巧、低功耗、低散热等，对于整体系统的性能发挥要求比较严苛。如图1-9所示为典型的一体机外观。

7. 平板电脑

平板电脑是一种小型的、方便携带的个人计算机，可以通过触摸屏实现同键盘鼠标输入设备一样的基本输入操作。允许用户通过触控笔或数字笔进行操作，可以使用手指触控、书写、缩放画面与图案。平板电脑主流操作系统有Windows、Android、iOS、HarmonyOS等。典型的平板电脑外观如图1-10所示。

图1-9 典型的一体机外观

图1-10 典型的平板电脑外观

8. PC的发展趋势

（1）体积微型化

20世纪70年代以来，由于大规模和超大规模集成电路的飞速发展，微处理器芯片连续更新换代，微型计算机连年降价，加上丰富的软件和外部设备，操作简单，使微型计算机很快普及社会各个领域并走进了千家万户。

（2）资源网络化

网络化是指利用通信技术和计算机技术，把分布在不同地点的计算机互联起来，按照网络协议相互通信，以达到所有用户都可共享软件、硬件和数据资源的目的。现在，计算机网络在交通、金融、企业管理、教育、邮电、商业等各行各业中得到广泛的应用。

（3）处理智能化

智能化就是要求计算机能模拟人的感觉和思维能力，也是第五代计算机要实现的目标。智能化的研究领域很多，其中最有代表性的领域是专家系统和机器人。

任务小结

计算机系统包括硬件系统和软件系统两大部分，图1-11所示为计算机系统的体系结构。

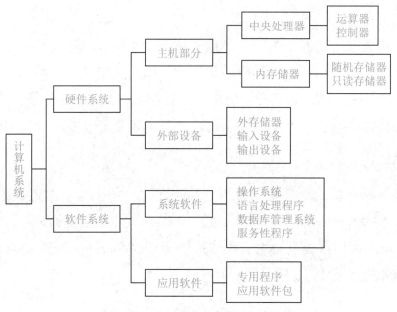

图 1-11 计算机系统的体系结构

任务 ❷ 认识计算机的基本配置

任务描述

通过本节的学习，能正确识别计算机硬件的主要部件，并能说出它们的主要功能、特点和性能指标等。

任务清单

任务清单如表 1-2 所示。

表 1-2 认识计算机的基本配置——任务清单

任务目标	【素质目标】
	通过小组讨论卖旧计算机时如何防止泄密，培养学生的诚信品质；
	通过讲解 CPU 指令集，融入我国自主研发编程语言"仓颉"，激发学生爱国情怀。
	【知识目标】
	掌握计算机的基本配置；
	了解计算机的主要端口。
	【能力目标】
	能识别计算机常见的多媒体端口。
任务重难点	【重点】
	掌握计算机的基本配置；
	掌握芯片组命名中的字母含义。
	【难点】
	辨别主板上的主要芯片、模块及内部接口与作用。

任务内容	1. 计算机的基本配置； 2. 计算机主要端口； 3. 主板、CPU、内存卡的性能指标； 4. 芯片组命名中字母含义。
工具软件	主板、CPU、硬盘、内存、显卡、显示器等各准备 1 个； 任务实施清单。
资源链接	微课、图例、PPT 课件、实训报告单。

任务实施

1. 工具准备。

计算机主要部件：主板、CPU、硬盘、内存、显卡、显示器等各准备 1 个。

2. 结合课本的知识准备部分与所搜集到的相关资料，思考如下问题：

（1）目前主流主板、CPU、硬盘、内存、显卡、显示器等部件有哪些品牌？

（2）主板、CPU、硬盘、内存、显卡、显示器等部件的性价比与哪些参数有关？各个参数分别代表什么含义？

（3）目前主流主板、CPU、硬盘、内存、显卡、显示器等部件有哪些型号？

（4）目前高端主板、CPU、硬盘、内存、显卡、显示器等部件有哪些产品？

3. 参照表 1-3 计算机基本配置检测表，完成填空，实训后完成实训报告。

009

表 1-3　计算机基本配置检测表

配　件	主　流　品　牌	高　端　产　品	主　要　性　能　参　数
CPU			
主板			
内存			
硬盘			
显卡			
声卡			
网卡			
光驱			
显示器			
鼠标			
键盘			
音箱			
机箱电源			

1.4 计算机基本配置

图 1-12 技嘉 Z370 HD3 主板整体外观

1. 认识计算机主板

PC 最重要的部件是主板（Mainboard），或称为母板（Motherboard），有时也把主板称为系统底板（Systemboard）。它的重要之处在于：计算机中几乎所有的部件、设备都在它的基础上运行，一旦主板发生故障，计算机就不可能正常工作。

下面以技嘉 Z370 HD3 主板为例介绍主板的参数及性能指标，如图 1-12 所示。

（1）主板的主要参数

技嘉 Z370 HD3 主板的主要参数见表 1-4。

表 1-4　技嘉 Z370 HD3 主板的主要参数

主板芯片	集成芯片：显卡/声卡/网卡 主芯片组：Intel Z370 芯片组描述：采用 Intel Z370 芯片组 显示芯片：CPU 内置显示芯片（需要 CPU 支持） 音频芯片：集成 Realtek ALC892 8 声道音效芯片 网卡芯片：板载千兆网卡
处理器 规格	CPU 类型：第八代 Core i7/i5/i3/Pentium/Celeron CPU 插槽：LGA 1151
内存规格	内存类型：4×DDR4 DIMM 最大内存容量：64 GB 内存描述：支持双通道 DDR4 4000(O.C.)/3866(O.C.)/3800(O.C.)/3733(O.C.)/3666(O.C.)/3600(O.C.)/3466(O.C.)/3400(O.C.)/3333(O.C.)/3300(O.C.)/3200(O.C.)/3000(O.C.)/2800(O.C.)/2666/2400/2133 MHz 内存
存储扩展	PCI-E 标准：PCI-E 3.0 PCI-E 插槽：3×PCI-E X16 显卡插槽，3×PCI-E X1 插槽 存储接口：1×M.2 接口，6×SATA Ⅲ接口
I/O 接口	USB 接口：8×USB3.1 Gen1 接口（4 内置+4 背板），6×USB2.0 接口（4 内置+2 背板） 视频接口：1×DVI 接口，1×HDMI 接口 电源插口：一个 8 针，一个 24 针电源接口 其他接口：1×RJ45 网络接口，6×音频接口，1×PS/2 键鼠通用接口
板　型	主板板型：ATX 板型 外形尺寸：30.5 cm×22.5 cm
软件管理	BIOS 性能：2 个 128 Mbit flash 使用经授权 AMI UEFI BIOS 支持 DualBIOS PnP 1.0a，DMI 2.7，WfM 2.0，SM BIOS 2.7，ACPI 5.0

其他参数	多显卡技术支持：AMD Quad-GPU CrossFireX 双卡四芯交火技术
	支持 AMD 2-Way CrossFireX 双路交火技术
	RAID 功能支持 RAID 0，1，5，10
	硬件监控电压检测
	温度检测
	风扇转速检测
	过温警告
	风扇故障警告
	智能风扇控制

（2）主板的主要功能

主板在加电并收到电源的 Power_Good 信号后，由时钟电路产生系统复位信号，CPU 在复位信号的作用下开始执行 BIOS 中的 POST 程序。POST 一旦顺利通过，就开始操作系统的引导及接受用户的任务直至关机。在计算机的整个运行期间，主板的工作就是在芯片组、时钟、BIOS 的统一配合下，完成 CPU 与内存、内存与外设，外设与外设间的数据传送。也可以说，主板的主要功能就是同步、传递数据。

（3）主板的基本组成

计算机主板是计算机的主要骨干，上面有实体电路并且用电路将各组件连接，而控制主板上逻辑电路运作的是用户、软件程序及输入设备；但是要从关机状态启动，则必须运行初始化的软件指令。典型的主板能提供一系列接合点，供 CPU、显卡、声效卡、硬盘、存储器、外部设备等接合。它们通常直接插入有关插槽，或用线路连接。主板上最重要的构成组件是芯片组（Chipset），而芯片组通常由北桥和南桥组成，也有些为增强其性能，以单芯片设计。这些芯片组为主板提供一个通用平台供不同设备连接，控制不同设备的沟通。它也包含对不同扩充插槽的支持，如 PCI、ISA、AGP 和 PCI Express。芯片组也为主板提供额外功能，如集成显核，集成声效卡（也称内置显核和内置声卡）。一些高价主板也集成红外通信技术、蓝牙和 802.11（WiFi）等功能。

（4）常见台式主板规格

常见台式主板规格包括 Standard-ATX、Mini-ATX、Micro-ATX、ITX 等，如图 1-13 所示。

图 1-13　常见台式主板规格

Standard-ATX：于 1995 年发布,曾是极受 DIY 一族欢迎的规格。其他派生的主板规格保留了 ATX 基本的背板设置，但主板的面积减少，扩充槽的数目也有所删减。此规格经历多次变更。标准的 ATX 主机版，长 12 英寸，宽 9.6 英寸（305mm×244mm）。

Mini-ATX：由建棋 AOpen Inc.研发，15cm×15cm 的主板规格。Mini-ATX 比 Mini-ITX 略小。适合于家庭影院电脑、车用电脑等工业级应用。

Micro-ATX：ATX 的缩小版本（短 25%）。可安装于大部分 ATX 机箱，可以使用较小的电源供应器，但扩充槽数目比 ATX 少。

ITX：威盛电子产品，比 Micro-ATX 更小、有更高集成度，多用于小型设备，如客户端及数字视频转换盒内。

（5）总线

总线（Bus）是指计算机组件间规范化的交换数据（data）的方式，即以一种通用的方式为各组件提供数据传送和控制逻辑。从另一个角度来看，如果说主板（Mother board）是一座城市，那么总线就是城市里的公共汽车（bus），按照固定行车路线传输来回不停运作的比特（bit）。这些线路在同一时间仅能负责传输一个比特。因此，必须同时采用多条线路才能发送更多数据，而总线可同时传输的数据数称为宽度（width），以比特为单位，总线宽度越大，传输性能就越佳。PC 上一般有 5 种总线。

① 数据总线（Data Bus）：在 CPU 与 RAM 之间来回传送需要处理或需要储存的数据。

② 地址总线（Address Bus）：用来指定在 RAM（Random Access Memory）之中储存的数据的地址。

③ 控制总线（Control Bus）：将微处理器控制单元（Control Unit）的信号传送到周边设备，一般常见的为 USB Bus 和 1394 Bus。

④ 扩展总线（Expansion Bus）：可连接扩展槽和计算机。

⑤ 局部总线（Local Bus）：取代更高速数据传输的扩展总线。

（6）芯片组

芯片组是一组共同工作的集成电路，负责将计算机的微处理器与机器的其他部分连接，芯片组决定了主板的可扩展能力，是决定主板级别的重要部件。芯片组由原来的多颗芯片组成，慢慢地简化为两颗芯片，最后简至单芯片。芯片组的演变趋势是尺寸越来越小，数量越来越少，速度越来越快，功耗越来越低。

① 南北桥架构。

南北桥名称的由来，是绘制架构图时所派生出来的称呼，如图 1-14 所示。北桥芯片将 PCI 总线主干延伸至北边，以支持 CPU、存储器或高速缓存（Cache）及其他攸关性能的功能；南桥芯片将 PCI 总线主干延伸至南边，并桥接起 I/O 功能，如磁盘接口等。CPU 位于架构图的正北方，通过较高速的北桥芯片连接北边的系统设备，而南桥则通过较低速的南桥芯片连接南边的其他系统设备。虽然现在 PC 平台架构已将 PCI 总线主干取代，换上更快的 I/O 主干，但"桥"的传统名称仍然延续使用。现有主流机型芯片组架构大多已不再采用传统的南北桥架构，未来芯片组的发展方向呈单芯片化趋势。

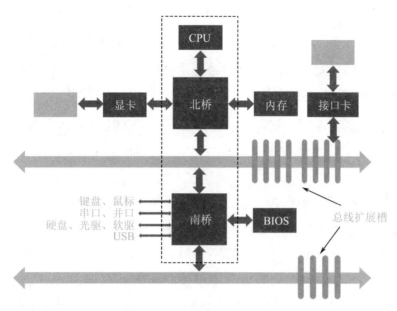

图 1-14　芯片组南北桥架构

② MCH+ICH 架构。

Intel 从 i810 时就放弃了南北桥的架构，用 Intel Hub Architecture（IHA）取代南桥与北桥。IHA 芯片组可分成两个部分：MCH 是内存控制器中心，相当于北桥芯片，负责连接 CPU、显卡、内存；ICH（I/O controller hub）即输入/输出控制中心，相当于南桥芯片，负责 IDE 和 I/O 设备等，如图 1-15 所示。

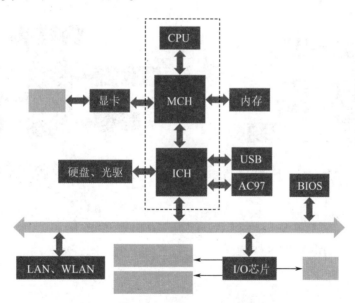

图 1-15　芯片组 MCH+ICH 架构

在 IHA 架构中，MCH（GMCH，表示集成了显示核心的 MCH）负责管理内存、CPU、显卡等高速设备，而 ICH 负责其他相对低速的 I/O 设备的管理。MCH 决定了所支持的内存、显卡、CPU 的类型，ICH 决定了所支持的硬盘、USB 等设备。

③ PCH 架构。

在 Intel PCH 出现之前，主板通常有两块主要的芯片组——南桥和北桥。南桥主要负责低速的 I/O，如 SATA 和 LAN；北桥负责较高速的 PCI-E 和 RAM 的读取。PCH 架构重新分配各项 I/O 功能，把内存控制器及 PCI-E 控制器整合在一起，负责原来南桥及北桥的一些功能集。CPU 和 PCH 由 DMI（Direct Media Interface）连接。现行的主板大多将北桥芯片集成进中央处理器的晶粒（die）中。例如，LGA 1156 和 Socket FM1 新一代 CPU 已包含北桥，因此主板只有南桥，如图 1-16 所示。

④ 单芯片架构。

由于系统单芯片（SoC）的推行，在 2013 年发布的 Intel Haswell 笔记本型处理器甚至卸载了 PCH。SoC 本身已包含 CPU、北桥和南桥三者的功能。

系统芯片（System on Chip，SoC）是一个将计算机或其他电子系统集成到单一芯片的集成电路。系统芯片可以处理数字信号、模拟信号、混合信号，甚至更高频率的信号。系统芯片常常应用在嵌入式系统中。系统芯片的集成规模很大，一般达几百万门到几千万门。尽管微控制器通常只有不到 100 KB 的随机存取存储器，但事实上它是一种简易的、功能弱化的单芯片系统，而"系统芯片"这个术语常被用来指功能更加强大的处理器，这些处理器可以运行 Windows 和 Linux 的某些版本。系统芯片更强的功能要求它具备外部存储芯片。例如，有的系统芯片配备了闪存。系统芯片往往可以连接额外的外部设备。系统芯片对半导体器件的集成规模提出了更高的要求。为了更好地执行更复杂的任务，一些系统芯片采用了多个处理器核心，如图 1-17 所示。

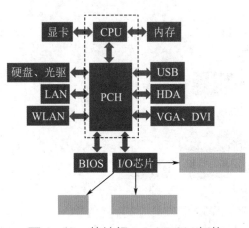

图 1-16　芯片组 Intel PCH 架构

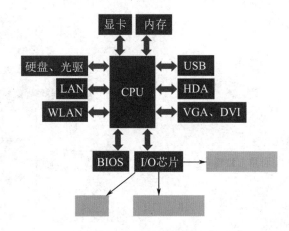

图 1-17　芯片组单芯片架构

⑤ 主流芯片组厂商。

到目前为止，能够生产芯片组的厂家有 Intel、AMD、NVIDIA、VIA 等。其中以 Intel 和 AMD 的芯片组最为常见。在台式机的英特尔平台上，英特尔自家的芯片组占有最大的市场份额，而且产品线齐全，高、中、低端及整合型产品都有，其他的芯片组厂商如 VIA、SIS、ULI、ATI 和 NVIDIA 等的份额加起来只能占有比较小的市场份额。在 AMD 平台上，AMD 在收购 ATI 以后，也开始像 Intel 一样，走向了自家芯片组配自家 CPU 的组合，产品越来越多，

计算机组装与维护（第 5 版）

市场份额也越来越大。

2. 认识 CPU

中央处理器（Central Processing Unit，CPU），是计算机中最重要的部件之一，控制计算机主要的算术逻辑单元（Arithmetic Logic Unit，ALU），使得计算机程序和操作系统可在其上面运行。如果把计算机比作人，那么 CPU 就是人的大脑，主要功能是对系统操作指令进行算术和逻辑运算。CPU 的内部结构大致可以分为控制单元、算术逻辑运算单元和存储单元等若干功能模块。按照处理信息的字长可以分为 8 位微处理器、16 位微处理器、32 位微处理器以及 64 位微处理器等。如图 1-18 为 AMD FX-8300 CPU 的外观。

下面以 Intel 酷睿 i7 8700K CPU 为例介绍 CPU 的主要参数。

如图 1-19 所示为 Intel 酷睿 i7 8700K CPU。

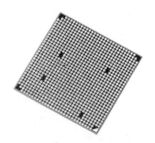

图 1-18　AMD FX-8300 CPU 的外观　　　图 1-19　Intel 酷睿 i7 8700K CPU

（1）Intel 酷睿 i7 8700K CPU 的主要参数

表 1-5 给出了 Intel 酷睿 i7 8700K CPU 的主要参数。

表 1-5　Intel 酷睿 i7 8700K CPU 的主要参数

基本参数	适用类型：台式机 CPU 系列：酷睿 i7 8 代 制作工艺：14 nm 核心代号：Coffee Lake 插槽类型：LGA 1151 包装形式：散装
性能参数	CPU 主频：3.7 GHz 动态加速频率：4.7 GHz 核心数量：六核心 线程数量：十二线程 三级缓存：12 MB 总线规格：DMI3 8 GT/s 热设计功耗：(TDP) 95 W
内存参数	支持最大内存：64 GB 内存类型：DDR4 2666 MHz 内存描述：最大内存通道数 2 ECC 内存支持：否

显卡参数	集成显卡：英特尔 超核芯显卡 630 显卡基本频率：350 MHz 显卡最大动态频率：1.2 GHz 显卡其他特性图形输出最大分辨率：4096×2304 显示支持数量：3 支持英特尔 Quick Sync Video，InTru 3D 技术，无线显示技术，清晰视频核芯技术，清晰视频技术
技术参数	睿频加速技术支持 超线程技术支持 虚拟化技术 Intel VT-x 指令集 SSE4.1/4.2，AVX2，AVX-512，64 bit

（2）CPU 工作原理

CPU 是执行程序的部件，程序是由一条条指令组成的，可以提前存储在计算机内存中。基于"程序存储"原理的 CPU 运作可分为四个阶段：提取（fetch）、解码（decode）、执行（execute）和写回（writeback）。

（3）CPU 基本参数

① 主频。

主频也叫时钟频率，单位是 MHz，主要用来表示 CPU 的运算速度。CPU 的主频由外频和倍频系数来确定，两者的乘积就是主频。CPU 的主频与外频之间存在着一个比值关系，这个比值就是倍频系数，简称倍频。倍频可以在 1.5～23 倍范围，甚至更高，以 0.5 为一个间隔单位。外频和倍频其中任何一项提高，都可以使 CPU 的主频上升。由于 CPU 主频并不直接代表运算速度，所以在特定的情况下，很可能会出现主频较高的 CPU 实际运算速度较低的现象。因此，主频仅仅是 CPU 性能表现的一个方面，而不代表 CPU 的全部性能。

② 外频。

外频是 CPU 的基准频率，单位也是 MHz。在早期的计算机中，内存与主板之间的同步运行的速度等于外频，在这种方式下，可以理解为 CPU 外频直接与内存相连通，实现两者间的同步运行。对于目前的计算机系统来说，两者完全可以不相同，但是外频的意义仍然存在，计算机系统中大多数的频率都是在外频的基础上，乘以一定的倍数来实现，这个倍数可以是大于 1 也可以是小于 1 的数。

③ 前端总线（FSB）频率。

前端总线（Front Side Bus，FSB）频率也是 CPU 的外部时钟频率，它是 CPU 和北桥芯片之间数据总线传输时钟频率。前端总线频率越高，就意味着单位时间内传输的数据量越大。目前，常见笔记本电脑 CPU 的前端总线频率范围在 400 MHz～1066 MHz。

④ 缓存。

缓存的工作原理是当 CPU 读取一个数据时，首先从缓存中查找，如果找到就立即读取并送给 CPU 处理；如果没有找到，则需从相对慢速的内存中读取并送给 CPU 处理，同时把这个数据所在的数据块调入缓存中，使得以后对整块数据的读取都从缓存中进行，不必再访问内存，以提高数据的访问速度。

内部缓存：封闭在 CPU 芯片内部的高速缓存，用于暂时存储 CPU 运算时的部分指令和数据，存取速度与 CPU 主频一致。高速缓冲存储器均由静态 RAM 组成，结构较复杂，通常 L1 缓存的容量在 32 KB~256 KB。

外部缓存：CPU 二级高速缓存，分内部和外部两种模块。内部的芯片二级缓存运行速度与主频相同，而外部的二级缓存则只有主频的一半。L2 高速缓存容量也会影响 CPU 的性能，原则上是越大越好。目前，笔记本电脑 Intel CPU 的 L2 缓存容量一般在 1 MB~4 MB。

⑤ 总线宽度。

地址总线宽度决定了 CPU 可以访问的物理地址空间，简单地说，就是 CPU 能够使用多大容量的内存。当前 32 位地址总线的 CPU，理论上可以访问 4 GB 的存储空间，同时具备 64 位数据位宽的传输能力。

⑥ 封装形式。

传统意义上的封装形式对于芯片来说仅仅是一个外壳，是机械结构性的保护，现阶段芯片的封装除结构特性外，还包含散热机制，并成为芯片与主板连接的平台。CPU 封装的意义在于最大限度地发挥它的最佳性能并提供一个与主板的连接平台。

（4）CPU 内核

CPU 中心那块隆起的芯片就是内核，是由单晶硅以一定的生产工艺制造出来的，CPU 所有的计算、接受、存储命令、处理数据都由核心执行。各种 CPU 核心都具有固定的逻辑结构，一级缓存、二级缓存、执行单元、指令级单元和总线接口等逻辑单元都有科学的布局。双核实际上可以简单地理解为，将两个单核的 CPU 封装在一个芯片里面。双核处理器可同时运行两条相同的指令，比如同时执行两条整数运算的任务或者同时执行两条浮点运算的任务。

多核心处理器的主要优势是在处理多线程、多任务上，此外，集成的多个物理核心还能提高处理器的整体性能，使多核心处理器的性能要明显强于单核心处理器。也就是说，多核心处理器是在一颗 CPU 上集成了多个完整的执行内核，可以同时进行多个整数或者多个浮点运算，这样极大地提高了系统的利用效率，从而推动了系统性能的提升。

（5）Intel 酷睿 i 系列 CPU 命名规则

在命名方式上，第一代采用 3 位数加字母后缀的形式。第二代 Intel 酷睿 i 系列仍沿用第一代的命名方式，以第二代 Core i7 2920 为例，"Core" 是处理器品牌，"i7" 是定位标识，"2920" 中的 "2" 表示第二代，"920" 是该处理器的编号。编号后面的字符会有 5 种情况：Q、X、U、T、S。不带字母的是标准版；"Q" 是四核；"X" 是至尊版；"U" 是低电压版；"T" 是低功耗版；"S" 低频版；如果代码为 K，代表可超频；如果代码为 M，则代表移动版，用于笔记本。Intel 酷睿 i 系列 CPU 命名规则，如图 1-20 所示。

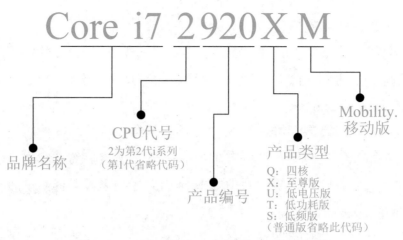

图 1-20　Intel 酷睿 i 系列 CPU 命名规则

（6）超线程

超线程技术（Hyper-Threading，HT）最早出现在 2002 年的 Pentium 4 上，它是利用特殊的硬件指令，把单个物理核心模拟成两个核心（逻辑核心），让每个核心都能使用线程级并行计算，进而兼容多线程操作系统和软件，减少了 CPU 的闲置时间，提高 CPU 的运行效率。

超线程技术是在一个 CPU 同时执行多个程序而共同分享一个 CPU 内的资源，理论上能像两个 CPU 一样在同一时间执行两个线程，这样，处理器需要多加入一个逻辑处理单元，而其余部分，如整数运算单元（ALU）、浮点运算单元（FPU）、二级缓存（L2 Cache）则保持不变，这些部分是被分享的。虽然采用超线程技术能同时执行两个线程，但它并不像两个真正的 CPU 那样每个 CPU 都具有独立的资源。当两个线程都同时需要某一个资源时，其中一个要暂时停止，并让出资源，直到这些资源闲置后才能继续。因此超线程的性能并不等于两个 CPU 的性能。Core i7/i5/i3 CPU 再次引入超线程技术，大幅度增强它们的多线程性能。

3. 认识硬盘

硬盘是一种主要的计算机存储媒介，由一个或者多个铝制或者玻璃制的碟片组成，这些碟片外覆盖有铁磁性材料。信息通过离磁性表面很近的磁头，由电磁流来改变极性方式被电磁流写到磁盘上。由于它体积小、容量大、速度快、使用方便，已成为 PC 的标准配置。

下面以希捷 Barracuda 1TB 7200 转 64 MB 单碟硬盘为例介绍硬盘的主要参数。

如图 1-21 所示为 Barracuda 1TB 7200 转 64 MB 单碟硬盘外观，表 1-6 为该硬盘的主要性能指标。

图 1-21　希捷 Barracuda 1TB 7200 转 64MB 单碟硬盘外观

表 1-6 希捷 Barracuda 1TB 7200 转 64 MB 单碟硬盘的主要性能指标

基本参数	适用类型：台式机 硬盘尺寸：3.5 英寸 硬盘容量：1000 GB 盘片数量：1 片 单碟容量：1000 GB 磁头数量：2 个 缓存：64 MB 转速：7200 rpm 接口类型：SATA3.0 接口速率：6 Gb/s
性能参数	平均寻道时间读取：<8.5 ms 写入时：<9.5 ms 运行功率：5.9 W 闲置功率：3.36 W 待机功率：0.63 W 性能评分：3521
其他参数	产品尺寸：146.99 mm×101.6 mm×20.17 mm 产品重量：400 g 其他性能：主控采用第三代双核处理器，同时工艺升级为 40 nm

（1）硬盘结构

① 硬盘的外部结构。

硬盘是一个集机、电、磁于一体的高精密硬件，但是其外部结构并不复杂，主要由电源接口、数据接口、控制电路板等几部分构成。硬盘的外壳与底板结合成一个密封的整体，称为盘体。正面的外壳起到了保证硬盘盘片和机构稳定运行的作用，在其面板上印有产品标签，标明此产品的型号、大小、转速、序列号、产地及生产日期等信息。硬盘外部结构如图 1-22 所示。

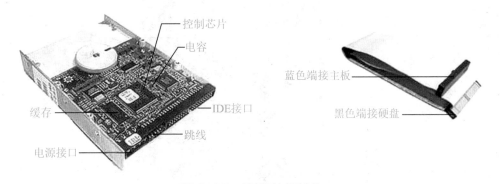

图 1-22 硬盘外部结构

硬盘的电源接口用于连接主机的电源，为硬盘工作提供电力。一般而言，硬盘采用最为常见的 4 针 D 形电源接口。Serial-ATA 硬盘使用的是 SATA 专用电源接口，这种接口有 15 个插针，但其宽度与以前的电源接口相当。在购买 SATA 硬盘时，厂商一般会在其产品包装中提供必备的电源转接线。

硬盘要通过硬盘数据线连接硬盘数据接口。老式的 IDE 硬盘采用的是普通 40 pin 数据线，现在已很少见了，目前 IDE 硬盘采用的是 80 pin 数据线。SCSI 硬盘数据线有 68 pin 和 80 pin 两种接口。SATA 硬盘采用 7 芯的数据线，采用点对点传输协议，这样可以做到在减少数据线内部电缆数目的情况下提高抗干扰能力。硬盘数据线旁边，有一个跳线，通过跳线可以设置硬盘工作在"主盘"模式还是"从盘"模式，这样做的目的是让多个硬盘在工作时能够一致。

② 硬盘的物理结构。

硬盘存储数据是根据电、磁转换原理实现的。硬盘由一个或几个表面镀有磁性物质的金属或玻璃等物质盘片和相应的控制电路组成，盘片两面安装有磁头，如图 1-23 所示，其中盘片和磁头密封在无尘的金属壳中。

硬盘工作时，盘片以设计转速高速旋转，设置在盘片表面的磁头则在电路控制下径向移动到指定位置进行数据的存储或读取。当系统向硬盘写入数据时，磁头中"写数据"电流产生磁场使盘片表面磁性物质的状态发生改变，并在写电流磁场消失后仍能保持，这样数据就能存储下来；当系统从硬盘中读数据时，磁头经过盘片指定区域，盘片表面磁场使磁头产生感应电流或线圈阻抗产生变化，经相关电路处理后还原成数据，因此只要能将盘片表面处理得更平滑，磁头设计得更精密，以及尽量提高盘片旋转速度，就能造出容量更大、读写数据速度更快的硬盘。这是因为盘片表面处理越平、转速越快就能使磁头离盘片表面越近，提高读、写灵敏度和速度；磁头设计得越小越精密就能使磁头在盘片上占用空间越小，就能使磁头在一张盘片上建立更多的磁道以存储更多的数据。

图 1-23　硬盘的物理结构

③ 硬盘的逻辑结构。

硬盘的每片盘片上有很多同心圆，称其为磁道，磁道又分成许多段，叫作扇区，每个扇区通常存储 512 字节。每一面位置相同的磁道共同构成一个柱面。通常在每个盘面上都有一个磁头。所有的磁头都安装在一个公共的支架或承载设备上，统一一致地径向移进或移出，而不能单独地移动。

（2）硬盘引导原理

一般将硬盘分成主引导扇区、操作系统引导扇区、文件分配表（FAT）、目录区（DIR）和数据区（Data）5 部分。其中，只有主引导扇区是唯一的，其他的随分区数的增加而增加。

① 主引导扇区。

主引导扇区位于整个硬盘的 0 面 0 道 1 扇区，包括硬盘主引导记录 MBR（Main Boot Record）和分区表 DPT（Disk Partition Table），其中主引导记录的作用就是检查分区表是否正确及确定哪个分区为引导分区，并在程序结束时把该分区的启动程序（也就是操作系统引导扇区）调入内存加以执行。在总共 512 字节的主引导扇区中，MBR 的引导程序占据其中的前 446 字节，随后的 64 字节为硬盘分区表（DPT），最后的 2 字节是分区有效结束标志。

② 操作系统引导扇区。

操作系统引导扇区 OBR（OS Boot Record）通常位于硬盘的 0 面 1 道 1 扇区（这是对于 DOS 来说的，对于那些以多重引导方式启动的系统则位于相应的主分区/扩展分区的第一个扇区），是操作系统可直接访问的第一个扇区，包括一个引导程序和一个被称为 BPB（BIOS Parameter Block）的本分区参数记录表。每个逻辑分区都有一个 OBR，OBR 由高级格式化程序产生，其参数视分区的大小、操作系统的类别的不同而有所不同。引导程序的主要任务是判断本分区根目录前两个文件是否为操作系统的引导文件，如果是，就把第一个文件读入内存，并把控制权交予该文件。BPB 参数块记录着本分区的起始扇区、结束扇区、文件存储格式、硬盘介质描述符、根目录大小、FAT 个数、分配单元的大小等重要参数。

③ 文件分配表。

文件分配表 FAT（FileAllocation Table）是系统的文件寻址系统，为了数据安全起见，FAT 表一般做两个，第二个 FAT 表为第一个 FAT 表的备份，FAT 区紧接在 OBR 之后，其大小由本分区的大小及文件分配单元的大小决定。

④ 目录区。

目录区 DIR（Directory）紧接在第二个 FAT 表之后，FAT 表必须和 DIR 配合才能准确定位文件的位置。DIR 记录着每个文件（目录）的起始单元、文件的属性等。

⑤ 数据区。

数据区 DATA 虽然占据硬盘的绝大部分空间，但若没有前面的各部分，它也就只能是一些枯燥的二进制代码，没有任何意义。通常所说的高级格式化程序，并未把 DATA 区的数据清除，只是重写了 FAT 表而已，至于硬盘分区，也只是修改了 MBR 和 OBR，绝大部分的 DATA 区的数据并未被改变，这也是许多硬盘数据能够得以修复的原因。

（3）硬盘主要性能参数

① 分类。

按尺寸不同分为 1.8 in、2.5 in、3.5 in 和 5.25 in 共 4 种，其中 2.5 in 和 3.5 in 硬盘应用最为广泛。

按接口类型不同，可分为 IDE 硬盘、SCSI 硬盘和 SATA 硬盘等。由于 IDE 接口的硬盘具有价格低廉、稳定性好、标准化程度高等优点，因此得到广泛应用。

按接入方式的不同，可分为固定硬盘和移动硬盘。装机时固定在计算机中的硬盘称为固定硬盘，通过 USB 连接线接入计算机的硬盘称为移动硬盘。移动硬盘支持热插拔，携带、移动方便，受到越来越多用户的欢迎。

② 容量。

硬盘的容量大小是衡量硬盘性能最重要的技术指标之一，是用户购买时最为关心的参数之一。

硬盘的容量有两种计算方法：

$$硬盘容量 = 磁头数 \times 柱面数 \times 扇区数 \times 512\,B$$
$$硬盘容量 = 单碟容量 \times 碟片数$$

在硬盘内部往往有多个叠起来的磁盘片，硬盘的单碟容量对硬盘的性能有一定的影响，单碟容量越大，硬盘的密度就越高，磁头在相同时间内可以读取的信息就越多。因此，在硬盘总容量相同的情况下，要优先选购碟片少的硬盘。硬盘的常用单位是 GB，目前的主流硬盘容量为 500 GB～2 TB。

③ 转速。

转速是指硬盘每分钟旋转的圈数，单位是 rpm（每分钟的转数），有 4200 rpm、5400 rpm、5900 rpm、7200 rpm、10000 rpm、15000 rpm 等几种规格。转速越高通常数据传输速率越好，但同时噪声、耗电量和发热量也越高。

④ 缓存。

缓存是硬盘控制器上的一块内存芯片，具有极快的存取速度，它是硬盘内部存储和外界接口之间的缓冲器。由于硬盘的内部数据传输速度和外部设备传输速度不同，缓存在其中起到一个缓冲的作用，它直接关系到硬盘的传输速度。当硬盘存取零碎数据时，需要不断地在硬盘与内存之间交换数据，如果缓存较大，则可以将那些零碎数据暂存在缓存中，减小外系统的负荷，提高数据的传输速度。目前，市面上的硬盘缓存容量通常为 2 MB～64 MB。

⑤ 平均寻道时间。

平均寻道时间指的是硬盘磁头移动到数据所在磁道所用的时间，单位为毫秒（ms）。平均寻道时间越短，硬盘速度越快，平均寻道时间一般在 5～13 ms。

⑥ 数据传输率。

硬盘的数据传输率又称吞吐率，表示在磁头定位后，硬盘读或写数据的速度。

（4）固态硬盘

固态硬盘（Solid State Drives，SSD），固态硬盘是用固态电子存储芯片阵列而制成的硬盘，由控制单元和存储单元（FLASH 芯片、DRAM 芯片）组成。固态硬盘在接口的规范和定义、功能及使用方法上与普通硬盘完全相同，在产品外形和尺寸上与普通硬盘也完全一致。新一代的固态硬盘普遍采用 SATA-2 接口、SATA-3 接口、SAS 接口、MSATA 接口、PCI-E 接口、NGFF 接口、CFast 接口和 SFF-639 接口。固态硬盘如图 1-24 所示。

图 1-24　固态硬盘

固态硬盘与传统硬盘相比，具有低功耗、无噪声、抗震动、低热量的特点。这些特点不仅使数据能更加安全地得到保存，而且延长了靠电池供电的设备的连续运转时间。但是固态硬盘成本偏高、损坏时存在不可挽救性。

4. 认识内存

内存用来存放当前正在使用（执行中）的数据和程序，计算机的内存是指动态内存（DRAM），动态内存中所谓的"动态"，是指将数据写入 DRAM 后，经过一段时间，数据会丢失，因此需要一个额外电路进行内存刷新操作。通常主板上使用的内存条叫作动态 DRAM，其中的数据是靠电容特性存储的。由于电容会放电，要维持数据，就需要不断地为其充电。给动态 DRAM 定期充电的机制称为数据刷新时钟电路，即内存刷新电路。

下面以金士顿 4 GB DDR3 1333 为例介绍内存的主要参数。

图 1-25 所示为金士顿 4 GB DDR3 1333 内存条外观，表 1-7 为金士顿 4 GB DDR3 1333 内存条的主要性能指标。

图 1-25　金士顿 4 GB DDR3 1333 内存条外观

表 1-7　金士顿 4 GB DDR3 1333 内存条的主要性能指标

性 能 指 标	参　　数
适用类型	台式机
内存容量	4 GB
容量描述	单条（4 GB）
内存类型	DDR3
内存主频	1333 MHz
颗粒封装	FBGA
插槽类型	DIMM
CL 延迟	9
针脚数	240 pin
传输标准	PC3-10600

（1）内存条的作用与分类

内存条是连接 CPU 和其他设备的通道，起到缓冲和数据交换的作用。内存是用于存放数据与指令的半导体存储单元，包括 RAM（随机存取存储器）、ROM（只读存储器）及 Cache（高速缓存）3 部分。人们习惯将既能读又能写的 RAM 直接称为内存。当计算机系统运行时，会通过硬盘或光驱等外部存储器将所需的数据及指令预先调入内存，然后 CPU 再从内存中读取数据或指令进行运算，并把运算结果放入内存中。

按内存条的接口形式，分为单列直插内存条（SIMM）和双列直插内存条（DIMM）。SIMM 内存条分为 30 线、72 线两种。DIMM 内存条与 SIMM 内存条相比引脚增加到 168 线。DIMM 可单条使用，不同容量可混合使用，绝大部分个人计算机及服务器都是使用 DDR DIMM，包括 DDR1、DDR2、DDR3 和发展中的 DDR4。

按内存条的工作方式不同，内存条分为：

● SDRAM。

SDRAM（Synchronous DRAM）：同步动态随机存储器，曾经是 PC 上最为广泛应用的一种内存类型。SDRAM 内存分为 PC66、PC100、PC133 等不同规格，采用 3.3 伏工作电压，168 Pin 的 DIMM 接口，带宽为 64 位。SDRAM 不仅应用在内存上，在显存上也较为常见，如图 1-26 所示。

● DDR SDRAM。

DDR（Double Data Rate）SDRAM 是双数据传输模式，如图 1-27 所示。DDR 引用了一种新的设计，在一个内存时钟周期中，在方波上升沿时进行一次操作，在方波的下降沿时也做一次操作，可以完成 SDRAM 两个周期才能完成的任务。

● DDR2 SDRAM。

DDR2（Double Data Rate 2）SDRAM 是由 JEDEC（电子设备工程联合委员会）进行开发的新生代内存技术标准，DDR2 内存每个时钟能够以 4 倍外部总线的速度读/写数据，拥有两倍于 DDR 内存预读取能力，而且 DDR2 内存采用了 FBGA 封装形式，提供了更为良好的电气性能与散热性，如图 1-27 所示。

图 1-26 SDRAM 内存条

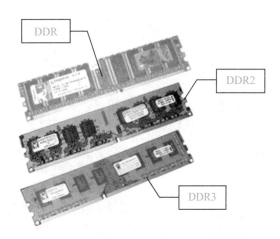

图 1-27 DDR、DDR2、DDR3 内存条

● DDR3 SDRAM。

DDR3（Double Data Rate 3）SDRAM 目前最高能够达到 1600 MHz 的速度，采用 100 nm 以下的生产工艺，将工作电压从 1.8 V 降至 1.5 V，增加异步重置（Reset）与 ZQ 校准功能等，如图 1-27 所示。DDR 内存颗粒广泛采用 0.13 μm 微米的制造工艺，DDR2 颗粒采用 0.09 μm 的制造工艺，DDR3 采用全新的 65nm 的制造工艺。

● DDR3L 低电压内存。

DDR3L 的电压为 1.35 V，存储器模块上会标记为 PC3L。DDR3U 的电压为 1.25 V，标记为 PC3U，主要用于笔记本电脑。L 是 Low 的缩写，代表低电压（Low Voltage）。JEDEC 为低电压内存制定的标准规范被称为 "JEDEC DDR3L（Low Voltage）"，这一规范将 DDR3 内存的运行电压从标准的 1.5 V 降至 1.35 V，在同等性能和负载下相比标准版 DDR3 内存功耗可降低 15％ 或者更多，而相比 DDR2 内存更是可以节能 40％。也就是说，低电压内存更省电、发热量更低。DDR3 是笔记本电脑经常用到的三代内存，而 DDR3L 是三代内存的低电压版，省电节能，常用于超极本和低功耗的笔记本电脑，两者性能上有一定差距。

（2）内存条的主要性能指标

① 存储容量。

存储容量是内存条的关键性参数，内存容量越大越有利于系统的运行。内存容量等于插在主板内存插槽上所有内存条容量的总和，内存容量的上限一般由主板芯片组和内存插槽决定，目前多数芯片组可以支持 4 GB 以上的内存，主流的可以支持 8 GB，更高的可以支持 16 GB。此外主板内存插槽的数量也会对内存容量造成限制，在选择内存时要考虑主板内存插槽数量，并且考虑将来升级的余地。

② 存取速度。

即两次独立的存取操作之间所需的最短时间，又称存储周期，半导体存储器的存取周期一般为 60～100ns。存取速度越小，速度就越快，也就标志着内存的性能越高。

③ 工作频率。

内存工作频率是以 MHz（兆赫）为单位来计量。内存工作频率越高，在一定程度上代表着内存所能达到的速度越快，内存工作频率决定着该内存最高能在什么样的频率下正常工作。

④ 接口类型。

接口类型是根据内存条金手指上导电触片的数量来划分，金手指上的导电触片也习惯称为针脚数（Pin）。因为不同的内存采用的接口类型各不相同，而每种接口类型所采用的针脚数各不相同，一般 DDR、DDR2 内存条针脚数分别为 184 Pin 和 240 Pin 接口。

⑤ CL 设置。

CL 是 CAS Latency 的缩写，是指 CPU 在接到读取某列内存地址上数据的指令后，到实际开始读出数据所需的等待时间，"CL=3"指等待时间为 3 个 CPU 时钟周期，"CL=4"则为 4 个 CPU 时钟周期。厂家在生产内存条完成后检测时，精度高的内存条 CL 数值小，精度低的内存条 CL 数值大。

（3）双通道技术

双通道实现的关键因素是主板北桥或 CPU 中内置了两个内存控制器，两个内存控制器都能够并行运作。

Intel 对组建双通道的内存条有着严格的限制，首先必须是相同容量、相同结构（如单面、双面或内存颗粒的数量、每个颗粒的位宽等参数必须相同）和相同品牌（不同品牌内存的 SPD 信息有可能不同）的内存才行；其次是内存的插入顺序，只有"DIMM1+DIMM3""DIMM2+DIMM4"和"DIMM1+DIMM2+DIMM3+DIMM4"的三种情况才能建立双通道模式，也就是说，如果你有两根容量、结构与品牌完全相同的 DDR 内存，将它们同时插入 DIMM1 和 DIMM3（简写为 DIMM1+3）或 DIMM2 和 DIMM4 即可，此时为双通道模式，在主板上相同颜色的 DIMM 插槽是一对双通道。

图 1-28　七彩虹 iGame550Ti
烈焰战神 U D5 1024M R50 显卡

5. 认识显卡

显卡又称显示器适配卡，是连接主机与显示器的接口卡。其作用是将主机输出的信息转换成字符、图形和颜色等信息，传送到显示器上显示。

下面以七彩虹 iGame550Ti 烈焰战神 U D5 1024M R50 为例介绍显卡的主要参数。

如图 1-28 所示为七彩虹 iGame550Ti 烈焰战神 U D5 1024M R50 显卡，表 1-8 为该显卡的主要性能参数。

（1）显卡的结构及工作原理

显卡由图形处理器（也称显卡芯片）、显存、BIOS、数字模拟转换器（RAMDAC）、显卡的接口及卡上的电容、电阻、散热风扇或散热片等组成。多功能显卡还配备了视频输出以及输入，如图 1-29 所示。

表 1-8　七彩虹 iGame550Ti 烈焰战神 U D5 1024M R50 显卡的主要性能参数

性 能 指 标	参　　数
芯片厂商	NVIDIA
显卡芯片	GeForce GTX 550 Ti
显存容量	1024 MB GDDR5
显存位宽	192 bit
散热方式	散热风扇
I/O 接口	Mini HDMI 接口/双 DV
总线接口	PCI Express 2.1 16
流处理器（sp）	192 个
3D API	DirectX 11
制造工艺	40 nm

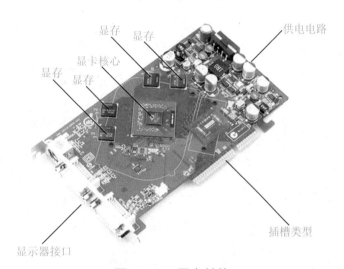

图 1-29　显卡结构

　　图形处理器（GPU）全称是 Graphic Processing Unit，是显卡的核心部件。GPU 使显卡减少了对 CPU 的依赖，并承担了部分原本 CPU 在 3D 图形处理时的工作。GPU 的开发代号即为显卡的核心代号，是显卡制造商为了便于显示芯片在设计、生产、销售方面的管理和驱动架构的统一，而对一个系列的显示芯片给出的相应的基本代号。GPU 包含像素着色单元（pixel shaders）、顶点着色单元（vertex shaders）、管线和频率速率零组件等。一般来说，GPU 是显卡上体积最大、温度最高的部件，所以其安装在散热器后，便于降温散热。

　　数据一旦离开 CPU，需要首先将 CPU 传来的数据送到图形处理器（GPU）进行处理，然后将图形处理器处理完的数据送到显存，由显存读取数据送到 RAMDAC 进行数据转换的工作（数字信号转换为模拟信号），最后将转换完的模拟信号送到显示屏，如图 1-30 所示。

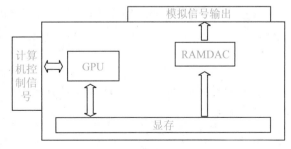

图 1-30　显卡工作原理

（2）显卡主要性能指标

① 显存。

显存是显卡的专用内存，里面存放着图像处理所用的数据。显存芯片（通常芯片数为2~8个）会依序环绕安装在显卡的GPU上（或安装在GPU的侧边），它们的体积非常小，形状也大多以正方形或矩形为标准规格。现在市面上显存基本采用的是DDR3规格的，某些高端卡也有采用性能更为出色的DDR4或DDR5内存。显存主要由传统的内存制造商提供，比如三星、现代、Kingston等。

显存速度是显存非常重要的一个性能指标，显存速度取决于显存的时钟周期和运行频率，它影响显存每次处理数据的时间，显存芯片速度越快，单位时间交换的数据量也就越大，在同等条件下，显卡性能也会得到明显的提升。

显存位宽也是显卡的一个重要性能指标。显存位宽可理解为数据进出通道的大小，在运行频率和显存容量相同的情况下，显存位宽越大，数据的吞吐量就越大，性能也就越好。现在常见的显存位宽有64 bit、128 bit和256 bit，在运行频率相同的情况下，256 bit显存位宽的数据吞吐量是128 bit显存位宽的两倍。

显存容量的大小决定了显示芯片处理的数据量，显存担负着系统与显卡之间数据交换以及显示芯片运算3D图形时的数据缓存，理论上讲，显存容量越大，显卡性能就越好。

② 显卡频率。

显卡的核心频率是指显示核心的工作频率，其工作频率在一定程度上可以反映出显示核心的性能，但显卡的性能是由核心频率、显存、像素管线、像素填充率等多方面的情况所决定的，因此在显示核心不同的情况下，核心频率高并不代表此显卡性能强劲。在同样级别的芯片中，核心频率高的显卡性能要强一些，提高核心频率是显卡超频的方法之一。

显存频率是指默认情况下，该显存在显卡上工作时的频率，以MHz为单位，显存频率一定程度上反映该显存的速度。DDR3显存是目前高端显卡采用最为广泛的显存类型。不同显存提供的显存频率差异很大，有800 MHz、1200 MHz、1600 MHz等。显卡制造厂商设定显存实际工作频率，而实际工作频率不一定等于显存最大频率，此时显存就存在一定的超频空间。

③ 散热方式。

由于显卡核心工作频率与显存工作频率的不断攀升，显卡芯片的发热量也在迅速提升，显示芯片的晶体管数量已经达到，甚至超过CPU内的数量，因此显卡必须采用必要的散热方式。

显卡的散热方式分为被动式散热和主动式散热。

一些工作频率较低的显卡基本都是采用被动式散热，这种散热方式是在显示芯片上安装一个散热片，并不需要散热风扇。因为较低工作频率的显卡散热量并非很大，没有必要使用散热风扇，这样在保障显卡稳定工作的同时，不仅可以降低成本，而且能减少使用中产生的噪声，如图1-31所示，显卡正面覆盖着巨大的散热片。

主动式散热除在显示芯片上安装散热片之外，还安装散热风扇，工作频率较高的显卡都需要这种主动式散热，因为较高的工作频率会带来更高的热量，仅安装一个散热片很难满足散热的需要，所以需要风扇的帮助。

④ 显卡接口。

显卡的接口很多，有输出也有输入，如图 1-32 所示，靠近机箱的一边，可以看到显卡有不少外部接口，从左往右分别是 S-Video、DVI 和 VGA 接口。S-Video 是用来连接电视机的，目前大部分的电视机都有 AV 接口和 S-Video 接口，利用连接线就能够使计算机显示的画面从电视机输出。DVI 接口又称数字接口，用来连接一些高端的液晶显示器。数字接口和传统的模拟信号相比，在清晰度上会有更惊人的表现，所以目前这个接口很流行。VGA 是传统的显示器接口，现在很多的 CRT 显示器还在使用该接口。

显卡正面覆盖着巨大的散热片

图 1-31 显卡正面的散热片

图 1-32 显卡接口

⑤ 物理特性。

渲染管线也称渲染流水线，是显示芯片内部处理图形信号相互独立的并行处理单元，渲染管线是为了提高显卡的工作能力和效率所设。

API 是 Application Programming Interface 的缩写，是应用程序接口的意思，3D API 是显卡与应用程序的接口。3D API 能让编程人员直接调用其 API 内的程序，启动 3D 芯片内强大的 3D 图形处理功能，大幅度地提高 3D 程序设计的效率。

顶点着色单元是 GPU 中处理影响顶点的着色器。通常来说，顶点越多，3D 对象越复杂，而 3D 场景包含了较多或是更复杂的 3D 对象，因此顶点着色单元对最终的图形效果非常重要。

像素着色单元是 GPU 芯片中专门处理像素着色程序的组件，这些处理单元仅执行像素运算，由于像素代表色值，因此像素着色单元是用来处理绘图影像的各种视觉特效。

（3）独立显卡与集成显卡

独立显卡，简称独显，是指成独立的板卡存在，需要插在主板的相应接口上的显卡。独立显卡具备单独的显存，不占用系统内存，而且技术上领先于集成显卡，能够提供更好的显示效果和运行性能。独立显卡分为内置独立显卡和外置独立显卡。独立显卡作为一块独立的板卡存在，它需占用主板的扩展插槽（ISA、PCI、AGP 或 PCI-E）。

集成显卡是指集成在主板北桥中的显卡，是主板上集成的显卡，又叫板载显卡。集成显卡一般不带有显存，使用系统集成显卡的一部分主内存作为显存，具体的数量一般是系统根据需要自动动态调整的。

独立显卡在技术上较集成显卡先进得多，且能够得到更好的显示效果和性能，容易进行显卡的硬件升级。但独立显卡的系统功耗和发热量较大，一般需额外花费购买显卡，如图 1-33 所示为独立显卡与集成显卡。

图 1-33　独立显卡与集成显卡

6. 认识声卡

（1）认识声卡

声卡是计算机中用来处理声音的接口卡。声卡可以把来自话筒、收音机、录音机、激光唱机（镭射影碟）等设备的语音、音乐等声音变成数字信号交给计算机处理，并以文件形式存盘，还可以把数字信号还原成真实的声音输出。声卡尾部的接口在机箱后侧，上面有连接麦克风、音箱、游戏杆和 MIDI 设备的接口。

自从各大主板厂商推广 All-In-One 的主板以来，主板都内接 AC97 或新款 HD Audio，迫使中、低阶的声卡市场快速萎缩。几乎所有的计算机上的声卡均采用的是板载软声卡的音频解码方式。随着主板整合程度的提高以及 CPU 性能的日益强大，越来越多的主板采用板载声卡，目前板载声卡几乎成为主板的标准配置。板载声卡又分为软声卡和硬声卡，软声卡是没有主处理芯片，只有一个解码芯片，通过 CPU 的运算来代替声卡主处理芯片的作用；硬声卡是有主处理芯片，很多音效处理工作不需要 CPU 参与，独立声卡与板载声卡如图 1-34 所示。

图 1-34　独立声卡与板载声卡

（2）声卡多声道技术

5.1声道是一种六声道环绕声技术，广泛用于电影院及家庭影院。它包含两个前置喇叭、两个后置喇叭、一个中央声道及一个重低音喇叭。5.1音效处理是目前比较完美的声音解决方案，能够满足计算机游戏和家庭影音方面的超级要求，传统的双声道音响也因此而退出高级音响的舞台。

5.1声道接口是3孔的音频接口。蓝色表示音频输入端口，可将MP3、录音机、音响等的音频输出端通过双头 3.5 mm 的音频线连接到计算机，通过计算机再进行处理或者录制；蓝色接口在四声道/六声道音效设置下，还可以连接后置环绕喇叭，在8声道输出时，仍为音频输入端口；绿色是音频输出端口，用于连接耳机或2.0、2.1音箱。粉色是麦克风端口，用于连接麦克风，当通过视频聊天时网友听不到你说话声音，可能是该接口未接好。如图1-35所示为音频接口。

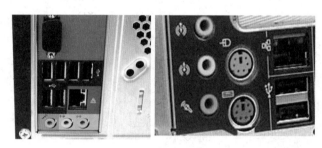

图1-35　音频接口

7．认识网卡

网卡全称网络适配器，（Network Interface Card，NIC）。网卡是局域网中最基本的部件之一，是连接计算机与网络的硬件设备，无论是双绞线连接、同轴电缆连接还是光纤连接，都必须借助于网卡才能实现数据的通信。每块网卡都有唯一的网络节点地址，即MAC地址，由网卡生产厂家在生产时写入ROM（只读存储芯片）中。

独立网卡作为扩展卡插到计算机总线上，随着信息技术及互联网络的普及，现在能够看到的笔记本电脑，几乎都包含了内置本地网卡（Local Area Net，LAN）上网功能。板载网卡是集合网络功能的主板所集成的网卡芯片，在主板的背板上也有相应的网卡接口（RJ-45），该接口位于音频接口或USB接口附近。百兆网卡为RJ-45网络接口，千兆网卡有RJ-45接口与光纤接口两种，万兆网卡一般为光纤接口，价格也随速率的增加而增加，光纤网卡贵于RJ-45接口网卡。独立网卡、板载网卡与无线网卡，如图1-36所示。

图1-36　独立网卡、板载网卡与无线网卡

图 1-37　三星 943NW 液晶显示器

8．认识显示器

显示器，也称显示屏、屏幕、荧光幕，是用于显示图像及色彩的电器。

下面以三星 943NW 液晶显示器为例，了解显示器的相关参数含义。

如图 1-37 所示为三星 943NW 液晶显示器，表 1-9 为三星 943NW 液晶显示器的主要性能参数。

表 1-9　三星 943NW 液晶显示器的主要性能参数

外 观 设 计	
外观颜色	黑色
外形尺寸	宽×高×厚（包括底座）439 mm×368 mm×185 mm 宽×高×厚（包装）512 mm×131 mm×367 mm
产品重量	净重　3.8 kg 毛重　5.1 kg
显 示 屏	
显示屏尺寸	19 英寸
是否宽屏	是
屏幕比例	16∶10
可视角度	170°/160°
面 板 特 征	
亮度	300 cd/m²
对比度	DC 8000∶1(1000∶1) (Typ)
黑白响应时间	5 ms
点距	0.285 mm
最佳分辨率	1440×900
输 入 输 出	
接口类型	D-SUB
音频性能	无
即插即用	支持
其 他 性 能	
其他性能	魔亮（MagicBright3），定时关机，图像尺寸调节，颜色效果，定制键，MagicWizard & MagicTune（具有资源管理功能），支持 Windows Vista 基础版，支持安全模式（DownScaling in UXGA）

（1）显示器分类及工作原理

按照显示器的显示管分类，分为传统显示器，CRT（Cathode-Ray-Tube）和液晶显示器 LCD（Liquid Crystal Display）；按显示色彩分类，分为单色显示器和彩色显示器，单色显示器已经成为历史；按显示屏幕大小分类，以英寸为单位（1 英寸=2.54 cm），通常有 14 英寸、15 英寸、17 英寸和 20 英寸或者更大；按显示器屏幕分类，早期的 14 英寸显

计算机组装与维护（第 5 版）

示屏幕多为球面，就好像屏幕是从一个球体上切下来的一块，图像在屏幕的边缘就会变形。现在显示器大部分采用平面直角，图像十分高清，还有一部分显示器采用柱面显示管，屏幕的表面就像一个巨大圆柱体的一部分，看上去立体感比较强，可视面积也比较大。在 VGA 显示器出现之前，曾有过 CGA、EGA 等类型的显示器，它们采用数字系统，显示的颜色种类很有限，分辨率也较低，现在普遍使用 SVGA 显示器，采用模拟系统，分辨率和显示的颜色种类大大提高。

CRT 显示器是一种使用阴极射线管的显示器，阴极射线管主要由电子枪、偏转线圈、荫罩、荧光粉层、玻璃外壳五部分组成。经典的 CRT 显像管使用电子枪发射高速电子，经过垂直和水平的偏转线圈控制高速电子的偏转角度，最后高速电子击打屏幕上的磷光物质使其发光，通过电压调节电子束的功率，就会在屏幕上形成明暗不同的光点，形成各种图案和文字。彩色显像管屏幕上的每个像素点都由红、绿、蓝三种涂料组合而成，由三束电子束分别激活这三种颜色的磷光涂料，以不同强度的电子束调节三种颜色的明暗程度就可得到所需的颜色。

液晶显示器工作时，背光源（灯管）射出光线经过一个偏光板，然后再经过液晶，到达前方的彩色滤光片与另一块偏光板。根据其间电压的变化控制液晶分子的排列方式实现不同的光线强度与色彩，从而在液晶显示屏上形成丰富多彩的图像效果，如图 1-38 所示。

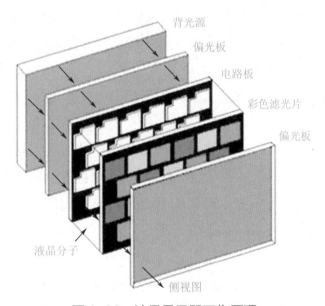

图 1-38　液晶显示器工作原理

（2）液晶显示器主要性能参数

① 点距和可视面积。

所谓点距，是指同一像素中两个颜色相近的磷光体之间的距离。液晶显示器的点距和可视面积有直接的对应关系。例如，一台 14 英寸的液晶显示器的可视面积一般为 285.7 mm×214.3 mm，最大分辨率为 1024×768，说明液晶显示板在水平方向上有 1024 像素，垂直方向有 768 像素，由此可以计算出此液晶显示器的点距是 0.279 mm，一般这个技术参数在产品说明书都有标注。同样可以在得知液晶显示器的点距和最大分辨率的情况下，算出该液晶显示器的最大可视面积。

② 最佳分辨率和刷新率。

任一像素的色彩和亮度信息都是跟屏幕上的像素点直接对应的，液晶显示器只有在显示同该液晶显示板的分辨率完全一样的画面时才能达到最佳效果。LCD 最佳分辨率，即其最大分辨率，在显示小于最佳分辨率的画面时，液晶显示采用两种方式来显示，一种是居中显示，画面清晰，画面太小；另一种是扩大方式，画面大但比较模糊。15 英寸的液晶显示器的最佳分辨率为 1024×768，17 英寸的最佳分辨率则是 1280×1024。

③ 亮度。

由于液晶分子本身并不发光，而是靠外界光源，即采用在液晶的背部设置发光管提供背透式发光，因此，亮度这一指标相当重要，决定了其抗干扰能力的大小。液晶显示器亮度以平方米烛光（cd/m^2）或者 nits 为单位，液晶显示器亮度普遍在 150～300 nits，LCD 的亮度最好在 200 nits 以上。低档液晶显示器存在严重的亮度不均匀的现象，中心的亮度和距离边框部分区域的亮度差别比较大。

④ 对比度。

对比度是指最亮区域和最暗区域之间的比值，对比度直接体现该液晶显示器能否体现丰富的色阶参数，对比度越高，还原的画面层次感就越好，即使在观看亮度很高的照片时，黑暗部位的细节也可以清晰体现，液晶显示器的对比度普遍在 150∶1～500∶1。

⑤ 响应时间。

响应时间是指液晶显示器对于输入信号的反应时间，是组成整块液晶显示板最基本的像素单元"液晶盒"，在接收到驱动信号后从最亮到最暗的转换需要一段时间，而且液晶显示器从接收到显卡输出信号、处理信号、把驱动信息加到晶体驱动管也需要一段时间，在大屏幕液晶显示器上尤为明显。液晶显示器的这项指标直接影响对动态画面的还原。LCD 反应时间越短越好，液晶显示器由于过长的响应时间导致其在还原动态画面时有比较明显的拖尾现象，15 英寸液晶显示器响应时间一般在 16～40 ms。

⑥ 可视角度。

液晶显示器的可视角度，是指能观看到可接收失真值的视线与屏幕法线的角度，这个数值越大越好，液晶显示器属背光型显示器件，由液晶模块背后的背光灯发光。而液晶主要是靠控制液晶体的偏转角度来"开关"画面，导致液晶显示器只有一个最佳的欣赏角度–正视。当从其他角度观看时，由于背光可以穿透旁边的像素而进入人眼造成颜色的失真。

⑦ 最大显示色彩数。

液晶显示器的色彩表现能力是一个重要指标，15 英寸的液晶显示器像素一般是 1024×768，每像素由 R、G、B 三基色组成，低端的液晶显示板，各个基色只能表现 6 位色，即 2 的 6 次方，64 种颜色。每个独立像素可以表现的最大颜色数是 64×64×64=262144 种颜色，高端液晶显示板利用 FRC 技术使得每个基色可以表现 8 位色，即 2 的 8 次方为 256 种颜色，则像素能表现的最大颜色数为 256×256×256=16777216 种颜色。

⑧ 点缺陷。

液晶显示器的点缺陷分为：亮点、暗点和坏点。

亮点是指在黑屏的情况下呈现的 R、G、B 的点。亮点的出现分为两种情况：在黑屏的情况下单纯地呈现 R 或者 G 或者 B 色彩的点，这种情况表明在同一像素内存在一个亮点；在切换至红、绿、蓝三色显示模式下，只有在 R 或 G 或 B 中的一种显示模式下有白色点，同时在另外两种模式下均有其他色点的情况，这种情况是在同一像素中存在两个亮点。

暗点是指在白屏的情况下出现非单纯 R、G、B 的色点。暗点的出现分为两种情况：在切换至红、绿、蓝三色显示模式下，在同一位置只有在 R 或 G 或 B 一种显示模式下有黑点的情况，这种情况表明此像素内只有一个暗点；在切换至红、绿、蓝三色显示模式下，在同一位置上在 R 或 G 或 B 中的两种显示模式下都有黑点的情况，这种情况表明此像素内有两个暗点。

坏点是指在液晶显示器制造过程中不可避免的液晶缺陷，由于目前工艺局限性，在液晶显示器生产过程中很容易造成硬性故障——坏点的产生，这种缺陷表现为无论在任何情况下都只显示为一种颜色的一个小点。要注意的是，挑坏点时不能只看纯黑和纯白两个画面，要将屏幕调成各种不同的颜色来查看，在各种颜色下捕捉坏点，如果坏点多于两个，最好不要购买。按照行业标准，3 个坏点以内都是合格的。

9. 认识计算机其他设备

（1）认识机箱

机箱作为计算机主要配件的载体，其主要功能是固定与保护配件，而电源的功能是把市电（220 V 交流电压）进行隔离和变换为计算机需要的稳定低压直流电，它们都是标准化、通用化的计算机外部设备。机箱电源俯视图如图 1-39 所示。

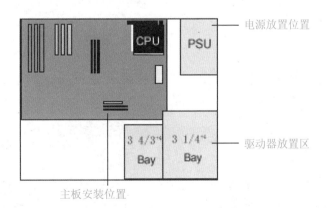

图 1-39　机箱电源俯视图

从外形上看，机箱有立式和卧式之分，以前基本上采用的都是卧式机箱，现在一般采用立式机箱。主要是由于立式机箱没有高度限制，在理论上可以提供更多的驱动器槽，而且更利于内部散热。如果从结构上分，机箱则可以分为 ATX、Micro-ATX、NLX 等类型，目前市场上主要以 ATX 机箱为主。

（2）无线技术

① 蓝牙。

蓝牙是一种无线技术标准，可实现固定设备、移动设备和楼宇个人域网之间的短距离数据交换（使用 2.4~2.485 GHz 的 ISM 波段的 UHF 无线电波）。蓝牙可连接多个设备，克服了数据同步的难题。没有内置蓝牙的个人计算机可通过蓝牙适配器实现与蓝牙设备之间的通信。有些台式机和最近多数的笔记本电脑都有内置蓝牙无线电，没有则需要通过外置适配器实现蓝牙通信功能，通常是一个小型 USB 软件狗。

② 无线键盘/鼠标。

无线键盘是键盘盘体与计算机间没有直接的物理连线，通过红外线或无线电波将输入信息传送给特制的接收器。准确来说就是蓝牙设备。

无线鼠标是指无线缆直接连接到主机的鼠标，采用无线技术与计算机通信，从而省却电线的束缚。通常采用无线通信方式，包括蓝牙、WiFi（IEEE 802.11）、Infrared（IrDA）、ZigBee（IEEE 802.15.4）等多个无线技术标准。无线鼠标需通过电池供电，而有线鼠标可通过计算机供电，所以无线鼠标的电池耗电量的大小能影响用户的使用成本，如图 1-40 所示。

图 1-40　无线键盘和鼠标

（3）音箱

音箱是将电信号还原成声音信号的一种装置，还原出声音的真实性将作为评价音箱性能的重要标准。音箱分为倒相式和密闭式两种，密闭式音箱是在封闭的箱体上装上扬声器；而倒相式音箱是在前面或后面板上装有圆形的倒相孔，按照赫姆霍兹共振器的原理工作，倒相式音箱的优点是灵敏度高、能承受的功率较大和动态范围广。

（4）光盘与光盘驱动器

光盘驱动器就是平常所说的光驱（CD-ROM），读取光盘信息的设备，是多媒体电脑不可缺少的硬件配置。光盘存储容量大，价格便宜，保存时间长，适宜保存大量的数据，如声音、图像、动画、视频信息、电影等多媒体信息。普通光盘有 3 种，CD-ROM、CD-R 和 CD－RW。CD-ROM 是只读光盘；CD-R 只能写入一次，以后不能再次改写；CD-RW 是可重复擦、写光盘。现在又出现了更大容量的 DVD-ROM、DVD-R、DVD+R、DVD-RW、DVD+RW 等盘片。

① 光驱的结构。

光驱的前面板一般包含防尘门和 CD-ROM 托盘、耳机插孔（有些光驱无此功能）、音量控制按钮（有些光驱无此功能）、播放键（有些光驱无此功能）、弹出键、读盘指示灯、手动退盘孔等（当光盘由于某种原因不能退出时，可以用小硬棒插入此孔把光盘退出），如图 1-41 所示。

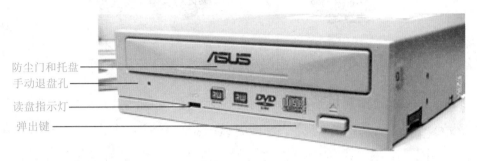

防尘门和托盘
手动退盘孔
读盘指示灯
弹出键

图 1-41　光驱前面板

② 光驱的工作原理。

光驱在读取信息时，激光头会向光盘发出激光束，当激光束照射到光盘的凹面或非凹面时，反射光束的强弱会发生变化，光驱就根据反射光束的强弱，把光盘上的信息还原成数字信息，即 "0" 或 "1"，再通过相应的控制系统，把数据传给计算机。

（5）打印机

打印机按打印原理可分为针式打印机、喷墨式打印机、激光打印机三类，如图 1-42 所示。

图 1-42　针式打印机（左）、喷墨式打印机（中）和激光打印机（右）

现在的针式打印机普遍是 24 针打印机。所谓针数是指打印头内打印针的排列和数量，针数越多，打印的质量就越好。针式打印机主要有 9 针和 24 针两种，其中 9 针已经被淘汰；喷墨式打印机的打印头是由几百个细微的喷头构成的，可以知道它的精度比针式要高出许多。当打印头移动时，喷头按特定的方式喷出墨水，喷到打印纸上，形成打印图样；激光打印机的打印质量位居打印机之首。激光打印机使用激光扫描光敏旋转磁鼓，磁鼓将碳粉吸附到感光区域，再附着在打印纸上，最后通过加热装置，使碳粉熔化在打印纸上。

（6）扫描仪

扫描仪是一种捕获影像的装置，可将影像转换为计算机可以显示、编辑、储存和输出的数字格式，如图 1-43 所示。扫描仪的应用范围很广泛。例如，将美术图形和照片扫描到文件中；将印刷文字扫描输入文字处理软件中，避免再重新打字；将传真文件扫描输入数据库软件或文字处理软件中储存；在多媒体中加入影像等。

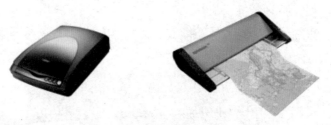

图 1-43　普通扫描仪（左）和大幅面扫描仪（右）

目前，市面上见到的扫描仪采用的是两种完全不同的制造原理。一种是 CCD 技术，以镜头成像到感光元件上；另一种则是 CIS 接触式扫描，图像用 LED 灯管扫过之后会直接通过 CID 感光元件记录下来，不需使用镜片折射，因此整个机体能够做得很轻薄，适合文件或一般平面图文的扫描。

（7）U 盘

U 盘是采用 Flash Memory（也称闪存）存储技术的 USB 设备，如图 1-44 所示。

图 1-44　形态各异的 U 盘

U 盘的内部是一颗半导体存储芯片，但它和内存条上的芯片不同，内存条上的芯片叫 RAM（随机访问存储器），它里面的数据在断电后是不能保存的，而 U 盘上的芯片称为 Flash Memory，即"闪存"，写上去的数据可以长期保存，断电后不会丢失，因此可以当作外存来使用。U 盘容量远远超过软盘，一张软盘只有 1.44 MB 左右，而 U 盘从 32 GB 到 64 GB 到目前的 128 GB；U 盘速度很快，是靠芯片上集成的电子线路来存储数据的，不像磁盘那样要靠机械动作来寻址，其读、写速度比软盘速度快 30 多倍；U 盘体积小巧，便于携带。

（8）摄像头

摄像头一般具有视频摄影和静态图像捕捉等功能，是借由镜头采集图像后，由摄像头内的感光组件电路及控制组件对图像进行处理，并转换成计算机所能识别的数字信号，然后借由并行端口或 USB 端口连接输入计算机后由软件再进行图像还原。

目前市面上摄像头分为两种，一种为直接连接计算机可用于视频通话的消费型摄像头，另一种为监控专用的网络监控摄影机。PC 用的摄像头都是采用 USB 接口，因此计算机不必再安装多余的驱动程序。如图 1-45 所示为形态各异的摄像头。

图1-45　形态各异的摄像头

（9）麦克风

麦克风，也叫传声器，是将声音信号转换为电信号的能量转换器件，由 "Microphone"音译而来，也称话筒，如图 1-46 所示。

图1-46　麦克风

20 世纪，麦克风由最初通过电阻转换声电发展为电感、电容式转换，大量新的麦克风技术逐渐发展起来，包括铝带、动圈等麦克风。麦克风的降噪技术是指通过声音过滤技术对人声和噪声进行有效分离，去除不相关的杂音，保持清晰的人声通话，更具专业水准。麦克风的"静音"选项并不是控制麦克风发声的，而是控制音箱和耳机是否反馈麦克风的声音。所以在使用麦克风时，将"静音"选项选中可以消除耳机中的杂音和回馈音，以便得到更好的语音效果。

1.5　计算机主要端口

1．常见多媒体端口

（1）高清晰度多媒体接口（简称 HDMI）

HDMI 是一种全数字化图像和声音发送接口，可以发送未压缩的音频及视频信号。HDMI可用于数字视频变换盒、DVD 播放机、个人计算机、电视游乐器、综合扩大机、数字音响与电视机等设备，如图 1-47 所示。

（2）数字视频接口（简称 DVI）

DVI 是一种视频接口标准，DVI 接口可以发送未压缩的数字视频数据到显示设备。DVI接口的协议会使得像素的亮度与色彩信号从信号来源（如显卡）以二进制方式发送到显示设备。相对于模拟发送的像素数据，DVI 输出端暂存器中的每个像素都直接对应显示端的每个像素，使得画面质量有基本的保障。DVI 接口目前广泛应用于 LCD、数字投影机等显示设备上，如图 1-48 所示。

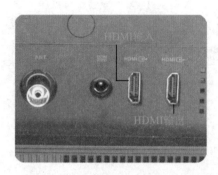

图 1-47　HDMI 多媒体高清数字接口

图 1-48　DVI 数字视频接口

DVI 接口有 DVI-D（Digital 数字信号）、DVI-A（Analog 模拟信号）、DVI-I（Integrated 混合式；数字及模拟信号皆可）3 种类型，DVI-D 不能转 VGA，DVI-I 可以转 VGA。

（3）视频图形阵列（简称 VGA）接口。

VGA 是 IBM 于 1987 年提出的使用模拟信号的计算机显示标准，是一种 3 排共 15 针的 DE-15。VGA 接口通常用于计算机的显示卡、显示器等设备，用作发送模拟信号。这个标准在个人计算机市场已经过时，但仍然是很多制造商支持的一个标准，如图 1-49 所示。

图 1-49　VGA 视频图形阵列

（4）Thunderbolt 雷电端口。

Thunderbolt 雷电端口是英特尔公司的连接器标准，早期使用光纤，后期与苹果公司共同研发，并改用铜线和苹果的 Mini DisplayPort 接口外形，既能以双向 10 Gb/s 传输数据，也能兼容 Mini DisplayPort 设备直接连接 Thunderbolt 接口传输视频与声音信号，还可连接 Apple Thunderbolt Display 直接同时输出视频、声音与数据，如图 1-50 所示。

（5）DisplayPort 高清数字显示端口

DisplayPort 数字式视频端口（简称 DP 端口）是视频电子标准协会推出的数字式视频接口标准，主要适用于连接计算机和屏幕，或是计算机和家庭剧院系统。它既可以用于内部显示连接，也可以用于外部的显示连接。DisplayPort 可用于同时传输音频和视频，有趋势取代 VGA 和 DVI 端口，如图 1-51 所示。

图 1-50　Thunderbolt 雷电端口

图 1-51　DisplayPort 高清数字显示端口

（6）Mini DP 端口

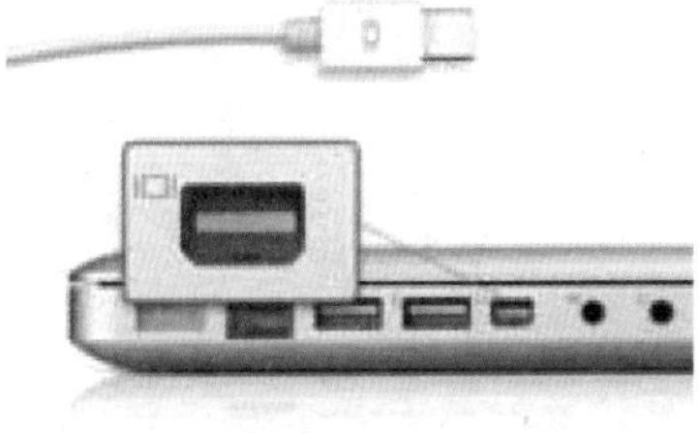

Mini DisplayPort 是微型版的 DP 端口，拥有 DP 接口标准的所有特性，现已广泛应用于计算机等设备，如图 1-52 所示。

图 1-52　Mini DP 端口

（7）AV 端口

AV 端口也称复合视频接口或者 Video 接口，由黄色、白色、红色三种颜色的线组成。其中，黄色线为视频传输线，白色线和红色线则是负责左右声道的声音传输，如图 1-53 所示。

（8）S 端口

S 端接口（Separate Video，S-Video），也称二分量视频端口。S-Video 将 Video 信号分开传送，在 AV 接口的基础上将色度信号 C 和亮度信号 Y 进行分离，再分别以不同的通道进行传输。S-Video 端口有 4 针（不带音频）和 7 针（带音频）两种类型，4 针为基本型，7 针为扩展型，基本型 S-Video 端口，由两路视频亮度信号、两路视频色度信号和一路公共屏蔽地线组成，如图 1-54 所示。

图 1-53　AV 端口

图 1-54　S 端口

（9）S/PDIF 端口

S/PDIF（Sony/Philips Digital Interface Format），是一种数字传输端口，可使用光纤或同轴电缆输出，把音频输出至解码器，能保持高保真度的输出结果。广泛应用在电影和音乐的高质量多音轨环绕声技术（DTS）和杜比数字上，如图 1-55 所示。

（10）分量端口

分量端口是把模拟视频中的明度、彩度、同步脉冲分解开来各自发送。分量传送的视频有许多种方式，如将三原色直接传送的 RGB 方式，以及从 RGB 转换为明度(Y)与色差(Cb/Cr 或 Pb/Pr)的方式，如图 1-56 所示。

图 1-55　S/PDIF 端口

图 1-56　分量端口

2. 通用串行总线 USB

USB（Universal Serial Bus）是通用串行总线，代表外部总线标准，用于规范计算机与外部设备的连接和通信。USB 具有传输速度快、使用方便、支持热插拔、连接灵活、独立供电、兼容性好等优点，可以连接键盘、鼠标、大容量存储设备和闪存设备等多种外部设备，被广泛用于智能手机、数码相机中。

USB 数据线的接口内部有 4 根金手指，外侧的两根较长，作用是供电，即电源线。内侧两根较短，负责传输数据，即数据线。当插入设备时外侧的电源线首先连接，对设备进行供电，而中间的数据线能够在通电状态下进行数据交换；相反，当拔出设备时则先断开数据传输，保证数据不会因断电而丢失，然后再将设备电源切断。这样，就可以保证在插拔过程中对计算机系统及 USB 设备不产生任何影响，以实现热插拔功能。由于接头的构造，在将 USB 插头插入 USB 接口时，插头外面的金属保护套会先接触到 USB 座内对应的金属部分，之后插头内部的 4 个触点才会接触到 USB 插口。金属保护套会连接到系统的接地点，提供路径使静电可以放电，避免因静电通过电子零件而造成损坏。

USB 1.0 是在 1996 年出现的，速度只有 1.5 Mb/s；两年后升级的 USB 1.1，速度提升到 12 Mb/s，至今在部分旧设备上还能看到这种标准的接口；2000 年推出的 USB 2.0，速度达到 480 Mb/s；2008 年推出的 USB 3.0，最大传输带宽高达 5.0 Gb/s，也就是 640 Mb/s，USB 3.0 引入全双工数据传输。5 根线路中 2 根用来发送数据，另 2 根用来接收数据，还有 1 根是地线。也就是说，USB 3.0 可以同步全速地进行读写操作。为了向下兼容 2.0 版，USB 3.0 采用了 9 针脚设计，其中 4 个针脚和 USB 2.0 的形状、定义均完全相同，而另外 5 根是专门为 USB 3.0 准备的。从 USB 外观上来看，USB2.0 通常是白色或黑色，而 USB3.0 则为蓝色接口，如图 1-57 所示。最新一代 USB 3.1，最大理论带宽相比 USB 3.0 时翻了一番，达到 10 Gb/s，传输速度为 10 Gb/s，三段式电压 5 V/12 V/20 V，最大供电 100 W，新型 Type C 型插口不再分正反。

图 1-57　USB 2.0 接口与 USB 3.0 接口

USB 接口类型按尺寸分为 A、B、Mini、Micro；按颜色分为黑色、蓝色、黄色（Always on USB）。USB 的连接器分为 A、B 两种，分别用于主机和设备；其各自的小型化的连接器是 Mini-A、Mini-B 和 Mini-AB（可同时支持 Mini-A 及 Mini-B）的插口。USB 接口中的 ID 脚只有在 OTG 功能中才使用；OTG 功能就是在没有计算机的情况下，两个 USB 设备间的数据传送。例如，数码相机直接连接到打印机上，通过 OTG 技术，连接两台设备的 USB 接口，将拍出的相片立即打印出来；Always on USB 与 BIOS Setup 设置有关，可以让 USB 接口在计算机关机后仍能维持供电，如图 1-58 所示。

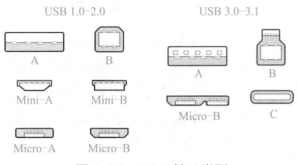

图 1-58　USB 接口类型

任务小结

1. 主板是用来承载计算机上所有板卡的基本板卡，其芯片组的型号决定了该主板所能用到的 CPU、内存、线卡等的性能发挥水平。

2. CPU 是计算机中的核心配件，是一台计算机的运算核心和控制核心。计算机中所有操作都由 CPU 负责读取指令，对指令译码并执行指令的核心部件。CPU 往往是各种档次计算机的代名词，CPU 的性能大致反映出计算机的性能，因此它的性能指标十分重要。

3. 内存条是连接 CPU 和其他设备的通道，是数据处理的交换平台，起到缓冲和数据交换作用。

4. 硬盘是一种储存量巨大的设备，作用是储存计算机运行时需要的数据。硬盘是计算机中的重要部件，计算机所安装的操作系统及所有的应用软件等都位于硬盘中，是存储数据的主要场所。

5. 显卡是主机与显示器之间连接的桥梁，作用是控制计算机的图形输出，负责将 CPU 送来的影像数据处理成显示器认识的格式，再送到显示器形成图像。

6. 显示器是计算机最主要的输出设备之一，是人与计算机交流的主要渠道，显示器质量的好坏，直接影响到工作效率与娱乐效果。

7. 计算机端口是计算机与外界通信交流的出口。常见的多媒体端口包括 AV 接口、分量、色差接口、S-Video 接口、VGA 接口、DVI 接口、HDMI 接口、S/PDIF、DisplayPort、Thunderbolt 雷电端口等。

达标检测 1

一、填空题

1. 计算机系统通常由＿＿＿＿＿＿＿和＿＿＿＿＿＿＿两个大部分组成。

2. 计算机软件系统分为＿＿＿＿＿＿和＿＿＿＿＿＿两大类。

3．中央处理器（简称 CPU），是计算机系统的核心，主要包括_____和_____两个部件。

4．计算机硬件和计算机软件既相互依存，又互为补充，可以这样说，_____是计算机系统的躯体，_____是计算机的头脑和灵魂。

5．计算机常用的辅存储器有_____、_____、_____。

6．计算机硬件由五大功能部件组成，即_____、_____、_____、_____和_____，这五大部分相互配合、协同工作。

7．外存储器有补充内存和长期保存_____、_____及_____的作用。外存储器存储的内容不能直接供计算机使用，需要先送入内存，再从内存提供给计算机。

8．显卡又称显示器适配卡，它是连接_____与_____的接口卡，作用是_____，传送到显示器上显示。

9．芯片组是主板的核心组成部分，按照在主板上的排列位置不同，通常分为_____和_____。

10．BIOS 的全称是_____，是一组被固化到计算机中，为计算机提供最低级最直接的硬件控制的程序，BIOS 的功能是_____和 _____。

11．缓存的工作原理是：当 CPU 要读取数据时，首先从_____中查找，如果找到就立即读取并送给_____处理；如果没有找到，就用相对慢的速度从_____中读取并送给 CPU 处理，同时把这个数据所在的数据块调入缓存中，可以使得以后对整块数据的读取都从缓存中进行，不必再调用_____。

12．内存条是连接 CPU 和其他设备的通道，起到_____作用。内存是用于存放_____与_____的半导体存储单元，包括 RAM（随机存取存储器）、ROM（只读存储器）及 Cache（高速缓存）三部分。

13．显存是显卡的专用内存，里面存放着_____。_____是显存非常重要的一个性能指标，取决于显存的时钟周期和运行频率，它们影响显存每次处理数据需要的时间。

14．主板芯片组是指_____。

15．个人计算机系统架构两大代表是指_____和_____。

16．USB 是_____的缩写，是一个外部总线标准，用于规范电脑与外部设备的连接和通信。USB 具有_____、使用方便、_____、连接灵活、独立供电、兼容性好等优点。

二、综合应用

1．认识并连接计算机外部设备。

（1）从外观上查看一台配置比较完整的计算机。

（2）查看主机与显示器、键盘、鼠标、打印机、音箱等设备的连线。

（3）断开主机与外部设备的连线。

（4）连接主机与外部设备的连线，并接通电源测试。

2．认识主机内的各种硬件。

（1）打开主机。

（2）认识主板，并从网络资源查看其型号。

（3）认识 CPU，并从网络资源查看其型号。

（4）认识内存条，并从网络资源查看其型号。

（5）认识硬盘、光驱、显卡、声卡、网卡及其他外部设备（显示器、音箱、机箱、电源等），并从网络资源查看其型号。

3．如图 1-59 所示为华硕 TUF Z370-PLUS GAMING 主板，请搜集有关此主板的资料，结合课本的知识说明主板各个部件的组成，并解释表 1-10 中各项参数的含义。

图 1-59　华硕 TUF Z370-PLUS GAMING 主板

表 1-10　华硕 TUF Z370-PLUS GAMING 主板参数

主板芯片	集成芯片：声卡/网卡 主芯片组：Intel Z370 芯片组描述：采用 Intel Z370 芯片组 显示芯片：CPU 内置显示芯片（需要 CPU 支持） 音频芯片集成：Realtek ALC887 8 声道音效芯片 网卡芯片：板载 Intel I219V 千兆网卡
处理器规格	CPU 类型：第八代 Core i7/i5/i3/Pentium/Celeron CPU 插槽：LGA 1151
内存规格	内存类型：4×DDR4 DIMM 最大内存容量：64 GB 内存描述：支持双通道 DDR4 4000（超频）/3866（超频）/3733（超频）/3600（超频）/3466（超频）/3400（超频）/3333（超频）/3300（超频）/3200（超频）/3000（超频）/2800（超频）/2666/2400/2133 MHz 内存
存储扩展	PCI-E 标准：PCI-E 3.0 PCI-E 插槽：2×PCI-E X16 显卡插槽，4×PCI-E X1 显卡插槽 存储接口：2×M.2 接口，6×SATA Ⅲ接口

I/O 接口	USB 接口：2×USB 3.1 Type-A 接口，6×USB 3.1 Gen1 接口（4 内置+2 背板），6×USB 2.0 接口（4 内置+2 背板）
	视频接口：1×DVI 接口，1×HDMI 接口
	电源插口：1 个 8 针电源接口，1 个 24 针电源接口
	其他接口：1×RJ45 网络接口，1×光纤接口，3×音频接口，1×RGB 灯条接口，2×机箱风扇接口，1×前面板音频接口，1×系统面板接口，1×PS/2 键鼠通用接口
板 型	主板板型：ATX 板型
	外形尺寸：30.4 cm×24.3 cm

4．如图 1-60 所示为 Intel 酷睿 i5 8400 CPU，请搜集有关此 CPU 的资料，结合课本的知识说明 CPU 各个部件的组成，并解释表 1-11 中各项参数的含义。

图 1-60　Intel 酷睿 i5 8400 CPU

表 1-11　Intel 酷睿 i5 8400 CPU 参数

基本参数	适用类型：台式机
	CPU 系列：酷睿 i5 8 代系列
	制作工艺：14 nm
	核心代号：Coffee Lake
	插槽类型：LGA 1151
	封装大小：37.5 mm×37.5 mm
性能参数	CPU 主频：2.8 GHz
	动态加速频率：4 GHz
	核心数量：六核心
	线程数量：六线程
	三级缓存：9 MB
	总线规格：DMI3 8 GT/s
	热设计功耗（TDP）：65 W
内存参数	支持最大内存：64 GB
	内存类型：DDR4 2666 MHz
	内存描述最大内存通道数：2
	ECC 内存支持：否

显卡参数	集成显卡：英特尔超核芯显卡 630 显卡基本频率：350 MHz 显卡最大动态频率：1.05 GHz 显卡其他特性 OpenGL 支持：4.4 显示支持数量：3 显卡视频最大内存：64 GB 图形输出最大分辨率：4096×2304 支持英特尔 Quick Sync Video，InTru 3D 技术，无线显示技术，清晰视频核芯技术，清晰视频技术
技术参数	睿频加速技术支持，2.0 超线程技术 支持 Intel VT-x 虚拟化技术 指令集：SSE4.1/4.2，AVX2，AVX-512
技术参数	64 位处理器 性能评分：35990 其他技术： 支持英特尔博锐技术，增强型 SpeedStep 技术，温度监视技术，身份保护技术，智能连接技术，智能响应技术，4 G WiMAX 无线技术，数据保护技术

047

5．如图 1-61 所示为金士顿 HyperX Savage 8 GB DDR4 2400 内存条，请搜集有关此内存条的资料，结合课本的知识说明内存条的性能，并解释表 1-12 中各项参数的含义。

图 1-61　金士顿 HyperX Savage 8 GB DDR4 2400 内存条

表 1-12　金士顿 HyperX Savage 8 GB DDR4 2400 内存条参数

基本参数	适用类型：台式机 内存容量：8 GB 容量描述：单条（8 GB） 内存类型：DDR4 内存主频：2400 MHz 针脚数：288 pin 插槽类型：SDRAM
技术参数	CL 延迟：12 性能评分：13258
其他参数	散热片支持散热 其他特点 XMP

模块 2

•••• 计算机硬件安装与调试

任务③ 设计装机方案

任务描述

在计算机硬件安装与调试前，了解需要做的准备工作及注意事项（资料准备、材料准备、工具准备、技术准备），掌握计算机配件的选购原则，并遵守计算机安装操作规范和基本调试方法，根据用户需求制定出最佳的组装方案。

任务清单

任务清单如表 2-1 所示。

表 2-1　设计装机方案——任务清单

任务目标	【素质目标】 通过准备安装工具，培养学生乐观奉献、开放合作的职业素养； 通过讲解安装注意事项，培养学生养成规范化操作的职业习惯。 【知识目标】 掌握计算机配件的选购搭配原则； 了解配件选购注意事项。 【能力目标】 能够根据用户需求，设计台式机配件选购方案。
任务重难点	【重点】 掌握选购计算机配件的原则； 掌握安装注意事项。 【难点】 台式机拆装技术规范及注意事项。
任务内容	1. 台式机基本硬件构成； 2. 台式机拆装步骤； 3. 台式机拆装技术规范及注意事项。

工具软件	用户需求； 标准拆装工具 1 套； 任务实施清单。
资源链接	微课、图例、PPT 课件、实训报告单。

 任务实施

2.1 计算机配件的选购搭配原则

1. 计算机配件的选购原则

（1）按需配置。

计算机配件的价格千差万别，选购之前应结合实际情况，认真考虑购买计算机的主要目的是什么，是为了在家里上网、文字处理，还是图形图像处理，或者是玩大型 3D 游戏。根据实际需要选购计算机配件，这是计算机配置的最基本原则。

（2）衡量装机预算。

确定计算机的用途后，需要衡量自己的经济情况。通常情况下，用户都会根据自己实际使用的需求和当时的经济情况来确定整机组装价位，预算都会有所偏差。这样做的目的有两点：一是可以确定所组装计算机的整机性能特点和基本配置要求；二是可以在满足用户需求的情况下选择更合适的配件品牌。

（3）衡量整机运行速度。

计算机整机的运行速度是由运行速度最慢的部件决定的，所以配置计算机的原则是需要各个部件间相互配合。

2. 计算机配件选购注意事项

（1）主要部件应尽量选主流品牌。

目前，市场上计算机的 CPU 主流生产厂商只有 Intel 和 AMD，较为容易选择，但是主板、显卡、液晶显示器等主要部件的生产厂商较多，选购时尽量做到"只选合适的，不选最贵的"。选择市场主流品牌或口碑好的产品，凡是质量没有保证的杂牌、小品牌，即使价格便宜，也要慎重考虑。

（2）配件选择要容易换修、升级。

装机配置时尽量选择平台新、持续时间久的产品，这样方便今后的换修、升级。

（3）配件选购尽量找代理。

配件选购尽量找代理某一品牌的柜台，这样做不仅可以节约配机成本，而且可以避免经销商向你推荐一些利润高但不出名的品牌。尽量做到货比三家，选购性价比高的配件。

总之，选购计算机配件之前要进行全面的市场对比和分析，根据个人实际情况适当调整机器配置，以便在满足用户要求的同时力求节省资金。

049

3．计算机主要部件的搭配（资料准备）

（1）CPU 与主板的搭配。

配置一台好的计算机，重点在于选择合适的 CPU 与主板，CPU 对整个计算机的性能起着决定性作用，如果没有一块好的主板，CPU 再强也不能完全发挥其性能。当然，如果 CPU 性能一般，但选择了一款相当不错的主板，也不能发挥主板的作用，造成硬件性能的浪费。CPU 和主板最大的匹配原则是能否互相支持。

选购主板时要注意与 CPU 搭配的问题，AMD 和 Intel 的 CPU 需要搭配各自匹配的主板。通常来讲，有两种方法：一种是确定 CPU 型号，然后选择主板；另一种是确定主板，然后选择 CPU。

（2）内存与主板的搭配。

目前市场上的内存主要有 DDR3 和 DDR4 两种类型，而选择何种内存类型是由主板内存插槽类型决定的，所以选购内存时要注意与主板的搭配。支持双通道内存的主板，一定要注意所支持的内存型号和规格（购买时做到同品牌、同规格、同频率、同容量），否则不能发挥双通道最佳性能。目前的主流机型至少要配备 4 GB 内存。

（3）显卡与主板的搭配。

显卡芯片性能的发挥除芯片本身的原因外，显存也是非常重要的因素，集成显卡一般无法达到显示芯片的要求，导致显示性能大大下降，最终导致整机性能的不佳，因此不要选购那些用集成显卡的主板。目前，主流的显卡插槽是 PCI-E 16X，所以应选择带有 PCI-E 16X 插槽的主板。购买显卡时要注重其采用的芯片类型、显存容量以及位宽，因为它们直接影响显卡的性能。

（4）硬盘与主板的搭配。

购买硬盘时要注意硬盘接口与主板的搭配，因为串行接口的硬盘是主流产品，所以必须选购带有 SATA 接口的主板。

总的来说，一台配置成功的计算机应该相互平衡，各个部件也应该相互均衡。确定好配置后，接下来要参考有关媒体对计算机配件的各项评测、价格及是否有现货等，从中选出自己心仪的产品，然后到信誉较好的销售商处去购买。购买产品时一定要有发票或正规收据及保质期说明，同时不要撕掉产品上面的保修标签，以免造成保修方面的麻烦。

2.2　准备工作

1．检查并熟悉配件（材料准备）

首先要检查配件，看需要哪些配件，通常组装计算机所需的配件有 CPU、主板、内存条、硬盘、光驱、显卡、声卡、网卡、数据线、风扇等，如图 2-1 所示。

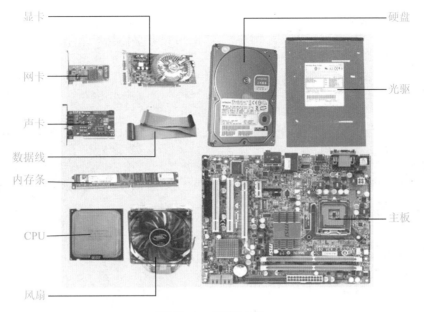

图 2-1　组装配件

然后仔细检查各配件，特别是 CPU、主板、内存、显卡、硬盘。例如，主板是否有物理损坏或变形，CPU 针脚是否有弯曲、断落现象，内存、显卡的金手指部分是否有使用过的痕迹，盘体是否有划痕等；其次应认真阅读配件使用说明书，并对照实物熟悉各配件。

2. 准备安装用的工具（工具准备）

为提高装机速度，在组装计算机前必须先准备好所需要的工具。我们平时所做的计算机的组装与维护一般只在"板卡级"进行，很少涉及集成芯片内部，因此组装计算机所需的工具相对较少。螺丝刀、尖嘴钳、散热膏、万用多孔型电源插座、数字万用表等是组装计算机所需要的工具，如图 2-2 所示。

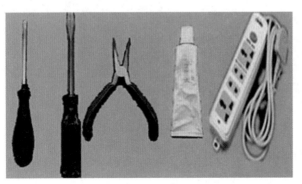

图 2-2　装机工具

（1）螺丝刀：包括十字螺丝刀和平口螺丝刀，十字螺丝刀用于拆卸和安装螺丝；平口螺丝刀可用来拆开产品包装盒、包装封条等。由于计算机上的螺钉大部分是十字形的，所以一把带有磁性的十字螺丝刀是组装计算机的必备工具。选用带磁性的螺丝刀主要是因为计算机配件安装后机箱内空隙较小，用带磁性的螺丝刀可以吸住螺钉，在安装时使用会非常方便。

（2）尖嘴钳：主要用来拆断机箱后面的挡板。另外也可以夹取螺丝、跳线帽及其他的一些小零件。

（3）散热膏：在安装高频率的 CPU 时，散热膏（硅脂）是必不可少的，大家可购买优质散热膏（硅脂）备用。

（4）万用多孔型电源插座：由于计算机系统不止一个设备需要供电，因此一定要准备一个多孔型插座，以方便测试计算机时使用。

（5）数字式万用表：一般数字式万用表可用于测量市电交流电压、电源输出直流电压、各类线路及开关的通断测量、电阻及声音器件的好坏判断。

2.3　安装注意事项

1. 释放人体所带静电

为防止人体产生的静电将集成电路内部击穿造成配件损坏，在安装计算机部件时，要带上防静电手套或防静电手环，并保持接地良好。

2. 禁止带电操作

在装配各种部件或插拔各种板卡及连接线缆的过程中，一定要断电操作。

3. 阅读产品说明书

仔细阅读各部件的产品说明书，确认是否有特殊的安装要求。

4. 使用正确的安装方法，不要强行安装

在安装过程中一定要注意正确的安装方法，不要用力强行进行安装，特别是一些带引脚的配件稍微用力不当，可能使引脚变形或折断。安装时，要轻拿轻放各部件，不要堆压、碰撞。不要强行使用螺丝固定安装位置不到位的设备，以免造成板卡变形。

安装完成后，务必仔细检查各部件间的连接线是否安装正确，供电电压是否在正常范围内（220 V±10%）。

5. 防止液体进入计算机内部

安装计算机时，严禁液体进入主机箱内的板卡，避免汗水沾到板卡造成器件腐蚀、短路。

任务小结

1. 计算机配件的选购原则：一是按需配置；二是衡量装机预算；三是衡量整机运行速度。

2. 在选购计算机配件之前要进行全面的市场对比和分析，根据个人实际情况适当调整机器配置，计算机配件选购要注意配件应尽量选主流品牌，选择的配件要容易换修、升级，

配件选购尽量找代理。

3．选购计算机配件时要注意配件的搭配问题。例如，主板和CPU是否相互支持，主板是否支持双通道内存技术，主板提供什么样的显卡插槽及何种硬盘接口等。

4．做好装机前的准备工作：一是检查并熟悉装机所用部件，二是备妥装机用的工具。

5．装机注意事项：一是释放人体所带静电；二是禁止带电操作；三是阅读产品说明书；四是使用正确的安装方法，不要强行安装，安装完成后再次检查各个连接线是否安装正确；五是防止液体进入计算机内部。

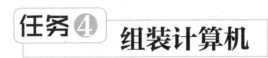

任务④ 组装计算机

任务描述

自己动手组装（DIY）一台计算机，运用所学知识分析与排除安装中出现的问题，独立完成整机安装。

任务清单

任务清单如表2-2所示。

表2-2　组装计算机——任务清单

任务目标	【素质目标】 　　通过台式机拆装练习，培养学生养成规范化操作的职业习惯； 　　通过讲解品牌计算机更换退货责任期限，培养学生保护消费者合法权益的意识。 【知识目标】 　　掌握硬件装机流程； 　　了解组装过程常见故障。 【能力目标】 　　能够根据组装过程故障现象，分析原因，找出故障点。
任务重难点	【重点】 　　掌握硬件装机流程； 　　掌握配件安装注意事项。 【难点】 　　组装过程常见故障与排解。
任务内容	1．硬件装机流程； 2．配件安装注意事项； 3．通电前检查； 4．通电调试。
工具软件	标准拆装工具1套； PC拆机练习评分表。
资源链接	微课、图例、PPT课件、实训报告单。

2.4　组装步骤（技术准备）

1．硬件装机流程

计算机各部件的安装一般没有固定的顺序，主要以方便和可靠为主。当然，有序地安装可以提高工作效率，以防止意外的发生。下面简单介绍组装计算机硬件系统的一般步骤：

（1）准备好机箱并安装电源，主要包括打开空机箱，拆卸面板挡板后安装电源。

（2）安装 CPU/风扇，在主板插座上安装 CPU 及散热风扇。

（3）安装内存条，将内存条插入主板的内存插槽中。

（4）安装主板，将主板固定在机箱中。

（5）安装驱动器，主要针对硬盘、光驱进行安装。

（6）安装板卡，将显卡、声卡、网卡等安装到主板上。

（7）安装机箱与主板间的连线，即各种指示灯、电源开关线、PC 喇叭的连接以及硬盘、光驱电源线、数据线的连接。

（8）安装输入设备，将键盘、鼠标与主机相连。

（9）安装输出设备，即安装显示器。

（10）重新检查连接线，准备进行测试。

（11）给计算机通电，若显示器能够正常显示，表明安装正确，进入 BIOS 进行系统初始设置。

2．部件安装过程

（1）安装机箱和电源。

① 准备主机箱。

安装电源前先拆除机箱外壳的固定螺丝，卸下机箱左、右两侧的面板，将机箱内的螺丝、挡片、塑料脚垫等附件存放在空纸盒内备用。

② 安装电源。

将电源后面的 4 个螺丝孔与机箱上的螺丝孔对正，然后拧紧螺丝。不能有虚拧、漏拧等现象（遵守安装操作规范），如图 2-3 所示。

③ 电源检测。

电源插座接通后，短接电源输出端的绿色和黑色线端口，观察电源是否能正常启动，若能正常启动则说明电源基本正常，如图 2-4 所示。

（2）CPU、CPU 风扇安装

Intel 目前主流处理器是赛扬、奔腾、酷睿系列。下面以华硕 P8P67 主板为例，讲解 LGA 1155 接口处理器的安装步骤。

图 2-3　安装电源

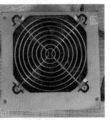

图 2-4　安装电源检测

① 拉起主板 CPU 压杆。下压压杆并向外侧抽出，拉起带有弯曲段的压杆，与主板呈170°，顺势将口盖翘起，然后保持口盖自然打开，如图 2-5 所示。

② 利用凹凸槽，对准 CPU 插槽。

③ 将压杆轻轻下压，注意微调口盖，利用压杆末端的弯曲处牢固扣入扣点内，如图 2-6 所示。

图 2-5　拉起主板 CPU 压杆　　　　　　　图 2-6　固定好 CPU

经过以上 3 步操作，Intel 处理器已经顺利安装到主板上。1155/1156 接口处理器安装时要注意如下问题：

① 用食指将压杆从卡扣处侧移出来，食指可以直接按压压杆弯曲部分。

② 不可以在处理器接触到触点后继续微调 CPU 位置。

③ 利用插槽上的两个凸点来确定处理器安放位置。

④ 将扣盖顶端插入主板螺丝，再将压杆扣入卡扣处。

在安装完 Intel 酷睿处理器后，对风扇进行安装。Intel（LGA 1155、1156 接口）原装风扇采用下压式风扇设计，原装风扇本身自带硅脂，因此可以直接安装，无须再次涂硅脂。

⑤ 整理风扇。风扇电源线和扣具按钮位置的线要提前整理出来，不要让风扇在运行时与线产生接触，电源线初始位置一般是处于风扇里。

⑥ 调节散热器位置。将散热器调放到合适位置，将风扇水平放置到处理器口盖上方，扣具四周的扣柱（尖嘴触角）底部需与主板上的四个扣点对齐。

⑦ 按压扣具。散热器扣具由于采用四个扣具设计，所以最佳安装扣具的方法是"对角线"按压安装法。按压扣具按钮时要加力，当听到清脆的咔嚓声时，证明按压成功，如图 2-7 所示。

⑧ 连接电源线。把风扇的 4 Pin 接口插接到主板的风扇供电接口上（注意：主板上通常有两个风扇接口，SYS-FAN 和 CPU-FAN 接口），如图 2-8 所示。

图 2-7 按压扣具

图 2-8 连接电源线

（3）内存安装

① 内存安装操作前带上防静电手环，并保持接地良好。

② 安装内存前先将内存插槽两端的白色卡子向两边扳动，使其处于打开状态，以方便内存条插入，再插入内存条时，内存条的凹槽必须直接对准内存插槽上的凸点，然后均匀用力将内存条压入内存插槽，使插槽两边的卡子自动卡住内存条，此时即可完成内存的安装，如图 2-9 所示。

图 2-9 安装内存条

③ 若需要安装多根 DIMM 内存，按上述步骤在依次插入 DIMM2、DIMM3 等内存条时，要将内存条安装在同一种颜色的内存插槽上。因为主板的内存插槽一般采用两种不同的颜色来区分双道与单通道，两条规格相同的内存条插入相同颜色的插槽中，将会打开双通道功能。如果只安装一根内存，应尽量安装在离 CPU 较近的插槽上。

（4）主板安装。

① 操作前带上防静电手套或防静电手环，并保持接地良好。

② 把主板小心地放在底板上，注意将主板上的键盘口、鼠标口、串/并口等与机箱背面 I/O 挡板的孔对齐，使所有螺钉对准主板的固定孔，并依次拧紧螺钉。

③ 螺丝钉安装完成后，应查看主板与底板是否平行，两者不能搭在一起，否则容易造成短路，如图 2-10 所示。

图 2-10　安装主板

（5）安装显卡等板卡

① 操作前带上防静电手套或防静电手环，并保持接地良好。

② 目前 PCI-E 显卡已成为市场主流，找到主板上的 PCI-E 插槽，如图 2-11 所示。将显卡垂直插入主机 PCI-E 插槽中，如图 2-12 所示。

——PCI-E插槽

图 2-11　PCI-E 插槽

图 2-12　安装显卡

③ 用螺丝固定显卡。

④ 用类似的方法安装声卡和网卡，然后分别用螺丝固定。

（6）硬盘安装。

以 3.5 英寸 SATA 接口的硬盘为例。

① 操作前带上防静电手套或防静电手环，并保持接地良好。

② 机箱中固定 3.5 寸托架的扳手，拉动此扳手即可固定或取下 3.5 寸硬盘托架，如图 2-13 所示。

③ 将硬盘装入托架中，并拧紧螺丝，如图 2-14 所示。

图 2-13　取下硬盘托架

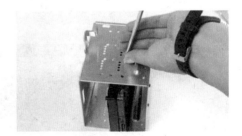

图 2-14　装入托架

④ 将托架重新装入机箱，并将固定扳手拉回原位固定好硬盘托架。

⑤ 硬盘接线。硬盘线有两条，一条为电源线，另一条为 SATA 数据线。电源线两端的

接口不同，小的一头接硬盘，大的一头接电源。SATA 数据线两头一样，一端和主板的 SATA 接口相连，另一端和硬盘相连，如图 2-15 所示。

图 2-15　硬盘连线

主流硬盘是采用 SATA 线连接主板，在安装完 SATA 线后，需要将硬盘供电进行连接。需要注意的是硬盘电源线有防呆接口，在安装时只需要正常安装即可。

（7）光驱安装（根据需要选配安装）

① 操作前带上防静电手套或防静电手环，并保持接地良好。

② 卸下计算机主机箱上的挡板。

③ 准备好一根串口 SATA 的光驱数据线，如图 2-16 所示。

④ 光驱后面有两个接口，较长的是光驱电源线接口，连接计算机电源（SATA 供电线），为光驱供电，另一个是光驱 SATA 数据线接口，如图 2-17 所示。

 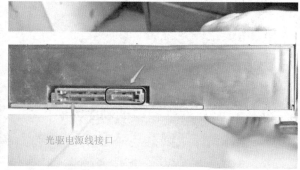

图 2-16　SATA 光驱数据线　　　　　　　　　图 2-17　光驱接口

⑤ 主板上有两个 SATA 接口，一般情况下，STAT1 连接硬盘，SATA2 连接光驱。SATA 数据线一端插入主板 SATA 接口，另一端插入光驱 SATA 接口，如图 2-18 所示。

图 2-18　主板上的两个 SATA 接口

⑥ 从计算机电源中找到 SATA 供电接口，连接电源线和光驱。

⑦ 去掉计算机机箱前面上方的塑料挡板，把光驱插到计算机里。

⑧ 用螺丝将光驱固定在机箱中，然后将电源线和数据线连接起来，完成光驱的安装。

（8）连接电源线。

需要连接的电源线主要有主板电源、硬盘、光驱电源及 CPU 专用电源等。

① 连接主板电源。

目前大部分主板采用了 24 Pin 的供电电源设计，但仍有些主板采用 20 Pin，如图 2-19 所示。将主板电源插头对准主板上的电源插座插到底，并使两个塑料卡子互相卡紧，以防电源线脱落。

CPU 供电接口一般采用四针的加强供电接口设计，某些高端 CPU 使用了 8 Pin 的供电接口，如图 2-20 所示，为 CPU 提供稳定的电压供应。

图 2-19　主板供电电源接口

图 2-20　8 Pin CPU 供电接口

② 连接硬盘和光驱的电源线。

从电源输出插头中找出 4 芯的 D 型插头，连接到 IDE 硬盘（或光驱）的电源接口上。从电源输出接口中找出 15 芯的电源插头，连接到 SATA 硬盘的电源接口上，如图 2-21 所示。

（9）连接驱动器的数据线。

① IDE 硬盘或光驱数据线的连接过程（IDE 接口硬盘已基本淘汰，此方法仅供参考）。

连接主板 IDE 接口。将硬盘数据线接头的 1 号引脚（通常有红色标记、印有字母或花边）与主板上的主 IDE 接口的 1 号引脚相对应，将硬盘数据线插入主板的 IDE 接口中，然后将硬盘数据线的另一端插入硬盘的数据接

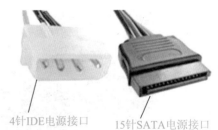

4针IDE电源接口　　　15针SATA电源接口

图 2-21　连接硬盘电源插头

口。硬盘数据接口的 1 号引脚在靠近电源接口的一边，将 IDE 数据线的 1 号引脚与硬盘数据接口的 1 号引脚相连接，即带有色边的一端靠近电源接口，如图 2-22 所示（IDE 光驱数据线的连接与此相同）。

② SATA 硬盘数据线的连接过程。

在主板上找到 SATA 接口，连接 SATA 硬盘数据线（SATA 硬盘采用 7 芯数据线），将 7

芯的数据线一端接至 SATA 硬盘数据端口，如图 2-23 所示，另一端接至主板的 SATA 接口（如果只有一块硬盘则接至 SATA1 接口上）。SATA 接口采用了防呆结构，当数据线接反时将无法插入 SATA 接口，如图 2-24 所示。

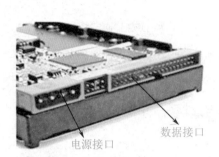

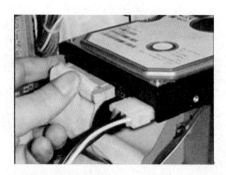

图 2-22　IDE 硬盘接口及连接

图 2-23　SATA 硬盘接口

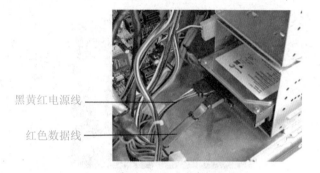

图 2-24　SATA 硬盘连接

（10）连接面板指示灯及开关

计算机的机箱面板上有许多指示灯和开关，指示计算机处在不同的工作状态之下，要使其能够正常工作，就需要正确地连接其在机箱内的连线，如图 2-25 所示。

不同的主板在机箱前面板插针的设计上有所不同，在连线前要仔细阅读主板说明书，找到各个连线插头所对应的插针位置，如图 2-26 所示。

图 2-25　机箱面板连线插头

图 2-26　主板面板插针

① 连接 POWER LED。

电源指示灯，是一个三芯的插头，使用 1、3 线，1 线通常为绿色，代表电源的正极；3 线为白色，代表接地端。该信号的连接具有方向性，方向接反指示灯不亮。先找到标有 "POWER LED" 的三针插头，中间一根线空缺，然后将其插在主板上标有 "PWR LED" 或是 "P

LED"字样的插针上，注意绿针对应第1针，如图2-27所示。

图2-27 电源指示灯连线

② 连接 RESET SW。

复位开关连接线，是一个两芯的插头，分别是白、蓝两种颜色连接机箱的 REST 按钮，此接头无方向性。连接时，需先找到标有"RESET SW"的两针插头，然后插在主板上标有"RESET SW"或是"RSR"字样的插针上即可，如图2-28所示。

③ 连接 POWER SW 计算机电源开关。

电源开关连接线连接时，需先从机箱面板连线上找到标有"POWER SW"的两针插头，分别是白、棕两种颜色，然后插在主板上标有"PWR SW"或是"RWR"字样的插针上即可，如图2-29所示。

图2-28 REST 连接线　　　　　　图2-29 电源开关连接线

④ 连接 HDD LED。

硬盘指示灯连接线，是一个两芯的插头，连接时需先找到标有"HDD LED"的插头，连线分别是白、红两种颜色，将它插在主板上标有"HDD LED"或"IED LED"字样的插针上。插时要注意方向性。一般将红色一端对应连接在 HDD LED 的第1针上，如图2-30所示。

⑤ 连接 SPEAKER。

扬声器连接线，是一个四芯的插头，中间两根线空缺，两端分别是红、黑两种颜色，该接头具有方向性。连接时需先找到"SPEAKER"的四针插头，将它插在主板上标有"SPEAKER"或是"SPK"字样的插针上。红色插正极，黑色插负极，如图2-31所示。

图2-30 硬盘指示灯连接线　　　　图2-31 扬声器连接线

⑥ 前置 USB 插针。

现在的主板除了直接在 I/O 接口提供 USB 接口外，还在主板上预留了 USB 接口的插针。如果使用的机箱配备有前置 USB 接口，那么可以通过前置 USB 接口的连线与主板 USB 连接器相连接。由于 USB 线路可以提供 5 V 电压，若接错线可能直接会导致设备烧坏，因此大部分机箱的前置 USB 采用标准的插头组形式，安装时将其对准主板上的 9 针 USB 插座插入即可，如图 2-32 所示。若机箱上是分散的 USB 线，则应严格按照红、白、绿、黑的线序排列。

⑦ 连接 AUDIO。

前置音频线，连接时应阅读主板说明书，根据说明书了解插针的位置和方向，然后连接好相应的音频线，如图 2-33 所示。

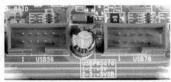

图 2-32　前置 USB 连线插头及插针

图 2-33　前置音频线及插针

（11）整理机箱内部连线

用捆扎线将各种电源线、数据线、信号线束好，固定于指定位置。将电源线与电源线扎结在一起，数据线可单独先扎好，信号线与信号线扎结在一起。各种数据线和电源线不要相互搅在一起，减少线与线之间的电磁干扰，数据线不要过长，因为过长的信号线会增加信号干扰，有可能直接影响系统的稳定工作，还可能影响硬盘和光驱的运行速度。

（12）连接机箱背面接口

① 连接显示器。

显示器的背面有两根电缆线：一根是信号线，另一根是电源线。不同的显示器其信号线是不同的，通常有三种类型，即 VGA（D-Sub）、DVI 和 HDMI，如图 2-34 所示。连接显示器时先连接信号线，将信号线对准机箱后面的显卡接口后轻轻地插入，然后拧紧信号线接头两侧的螺丝，使信号线和显卡稳固连接。最后，连接显示器电源，即将显示器电源连接线的另一端连接到电源插座。

图 2-34　显卡接口及其显示器数据连接线

② 连接鼠标、键盘。

目前鼠标、键盘的接口通常是 PS/2 或 USB 接口，如果是 PS/2 接口，将键盘插头接到主机的 PS/2 插孔上即可，接键盘的 PS/2 插孔一般为紫色；将鼠标插头接到主机的 PS/2 插孔中，鼠标的 PS/2 插孔紧靠在键盘插孔旁，一般为绿色。如果是 USB 接口的键盘或鼠标，则只需将设备接口对着机箱中相对应的 USB 接口插进去即可，如图 2-35 所示。

计算机组装与维护（第 5 版）

③ 连接主机电源线，如图 2-36 所示。

图 2-35　连接键盘、鼠标　　　　　　　图 2-36　连接主机电源线

2.5　组装后的检查与调试

1. 通电前的检查

计算机硬件组装完成后，通电之前应再做一次仔细的检查工作。具体内容包括：

（1）检查主板上是否有掉落的螺丝或其他杂物，主板的固定是否到位，内存条及各种板卡是否安装到位，各类接口的连接线是否安装正确。

（2）检查各个驱动器、键盘、鼠标、显示器的电源线、数据线是否连接完好。

（3）检查电源线与信号线是否分类捆扎并避开散热器及散热风扇出风口。

（4）通电之前建议先进行电荷释放（未接通电源的情况下连续按开机键 3 次或持续按 3 秒）。

（5）检查各个电源插头是否插好。

2. 通电调试

确定以上检查无问题后，可开机通电调试。具体步骤如下：

（1）先打开显示器开关，再打开主机电源开关，机箱电源风扇应转动，面板上的电源指示灯应亮起，否则关机检查主机电源电缆是否连接好，若电源电缆连接可靠而风扇仍不转动，则主机电源可能存在问题。同时注意观察通电后有无异常，如出现冒烟或发出烧焦的异味，则应立即拔掉主机电源进行断电检查。

（2）显示器电源指示灯应该常亮，否则关机检查显示器电源电缆是否连接好，若电源电缆连接可靠，显示器指示灯仍不亮，则显示器可能存在问题。

（3）观察显示器屏幕是否显示内容，观察时应注意听主机的声音，若没有任何显示且主机发出报警声，则应关机检查内存条和显示卡是否插好。

（4）如果主机没有异常的响声而显示器不显示内容，则应关机检查显示器信号线是否连接好。

（5）如果显示器显示正常，则应检查主机箱面板上的各种指示灯是否正常，如电源指示灯（POWER LED）、硬盘灯（HDD LED）等，若指示灯不亮，则要重新进行连接。

（6）按动复位按钮，观察主机是否重新启动，否则检查复位按钮连接是否正确。

（7）如果一切正常，计算机的机箱喇叭会发出"嘀"的一声，同时可以听到主机电源风扇转动的声音，电源指示灯常亮，显示器上出现开机画面，并且开始进行硬件自检。

（8）关闭计算机，再次整理机箱内部的各种连线，检查各个接口及连线是否连接正常，确定正确无误后，盖上机箱盖，拧上螺丝，至此计算机硬件组装完毕。

2.6　组装过程常见故障与排解

刚组装完的计算机经常会出现一些故障，造成机器无法正常启动。分析引起故障的原因，找出故障点和解决的方法，然后排除故障，是解决这类问题的基本步骤。

【故障现象 1】开机后计算机没有任何反应。

【可能原因】电源问题、开关问题、各部件的连线问题、主板问题、CPU 问题等。

【分析处理】开机后计算机机箱上的电源灯、硬盘灯都不亮，机箱电源风扇也不转，CPU 风扇也不转，机箱的小喇叭也没有鸣叫，计算机没有任何反应，可以按照下面的方法进行检查。

（1）检查电源接线插座是否有电、主机电源线是否插好，机箱的电源是否正常（使用万用表测量电源输入输出电压是否正常）。

（2）检查机箱的电源开关是否正常、检查机箱上的电源开关跟主板的连线的接头是否插好（使用万用表蜂鸣档测量开关键及连线是否正常，也可采用短接单板开机的方式来判断）。

（3）检查主板的供电电源接头是否插好，包括主板 24 芯的主板电源和 4 芯的 CPU 电源插头是否插好。

（4）检查硬盘、光驱的数据线是否插反，机箱上有无掉落的螺丝或杂物。

（5）检查 CPU 安装是否牢固或者是否忘记卡住 CPU 插座上的卡扣，是的话重新安装即可。

（6）若排除上述原因却未解决故障，那就有可能是主板、CPU 或内存的问题。可以利用"最小系统法"逐个检测排除，即主板上只留 CPU、内存条、显卡，组成一个最小化系统，这时如果开机仍未出现启动画面，到这一步即可确定故障原因在 CPU、内存或主板上，然后采用"替换法"逐步检查 CPU、内存、主板，最后确定故障部件。

【故障现象 2】开机后计算机的电源已经通电了，机箱面板的 POWER 灯、硬盘灯都亮，但是显示器不亮，只有橘黄色的显示器指示灯在闪烁，但无声音提示。

【可能原因】显示器、显卡、CPU、CMOS 跳线。

【分析处理】（1）检查显示器与主机的连线是否插好。

（2）检查显卡是否插好，显卡本身是否存在问题（若有集成显卡的主板可先拔出独立显卡，再连接在集成显卡输出口上观察是否显示正常）。

（3）检查 CPU 是否插好、固定好。

（4）检查主板上的 CMOS 跳线是否正确。

【故障现象 3】新组装的计算机，在服务商那里一切正常，回家后连接电源，显示器不显示，主机正常运行。

【可能原因】主机与显示器连接数据线没有接对或内存松动。

【分析处理】（1）此类故障，一般是主机与显示器连接数据线没有接对。一般的家庭组装机都有独立显卡，主板上所带集成显卡被屏蔽，连接时，把显示器数据线插在了主板的集成显卡上，造成显示器不显示。解决方法：把与显示器连接的数据线插在独立显卡上。有时显示器还是不显示，重新启动一下计算机即可，这是最常见的情况。

（2）有时因运送颠簸，使计算机中内存松动，也会出现这种故障现象。解决方法：关闭电源，打开主机，拔下内存条后按拆装规范要求再重新插好。

【故障现象 4】开机后计算机自动重启。

【可能原因】电源问题、RESET 按钮的问题、主板的问题。

【分析处理】（1）检查是否因供电不稳定或电压太低，未达到启动计算机要求的最低电压，造成计算机的重新启动，此时可以通过购买带稳压的 UPS 解决这个故障。

（2）检查计算机的 RESET 按钮是否被卡住。当计算机的复位键被卡住时，导致计算机刚一启动就又复位，不断地重新启动，此时调节机箱上的 RESET 按钮，使按钮恢复正常。

（3）检查计算机主板是否有故障，或主板上的电源接口接触不良造成自动重启，此时建议更换主板。

【故障现象 5】开机后，显示器无显示，但有报警声。

【可能原因】根据报警声音来判断故障部位。

【分析处理】（1）根据开机后机箱里的小喇叭发出的声音，可以快速判断电脑中的哪一部分出了问题，这里以 AWARD（维尔科技）的 BIOS 芯片为例。如果开机一声长鸣后，过一会又是一声长鸣，连续不断（嘟……嘟……嘟……），这表示内存条存在问题，可能没有插好造成接触不良，也可能是内存损坏，还有可能是主板上的内存插槽跟内存条的金手指接触的小金属片被插歪、插断造成的，此时需要重新插拔内存，或者更换内存。

（2）如果开机后一声长鸣，再连续 2 声短鸣（嘟……嘟嘟），这表示显示卡或显示器出现问题，多半是因为显卡没有插好造成的，那就要重新检查显示器的连接及显卡是否插好。其他报警声可参见模块三的 BIOS 自检响铃的含义，这里不做详细介绍。

【故障现象 6】开机后屏幕出现 "Keyboard error or no keyboard present" 的提示。

【可能原因】键盘接口或键盘有问题。

【分析处理】（1）检查一下键盘是否插好，经常移动键盘，会造成接触不良，此时应尝试重新插好键盘（注意：PS/2 键鼠接口不支持热插拔，插拔后需重新启动计算机才能识别）。

（2）如果还未检测到键盘，再检查键盘接口插针是否被插歪，导致有的针连接不上，把针拨正即可解决问题。

（3）如果键盘接口插针没有问题，可以尝试与其他计算机连接，如果键盘可用，有可能是主板的键盘接口存在问题，此时应进行维修，或更换主板。

【故障现象 7】前置音频、USB 无效。

【可能原因】前置音频线、USB 连线未连接或连接错误。

【分析处理】这类故障一般是由于机箱前面板的连线问题造成的。关闭电源，打开机箱，仔细阅读主板说明书，连接好前置音频线、前置 USB 连线。

【故障现象 8】CPU 风扇声音过大或开机后一直狂转。

【可能原因】散热硅脂问题、风扇本身质量问题、温度传感器问题。

【分析处理】（1）CPU 散热器或风扇卡扣安装异常。

（2）检查散热硅脂涂抹是否过少导致散热效果不好，引起风扇加速运转。

（3）仔细观察声音过大是否由于风扇运转时所发出的摩擦声音（新风扇中的润滑油凝固导致风扇转动不流畅形成噪声，开机一段时间后润滑油熔化会恢复正常，噪声会消失），若开机后声音一直很大，则需更换风扇。

（4）检查机箱温度传感器与主板的接线是否安装到位，或者温度传感器是否损坏。

【故障现象 9】开机自检后死机，或者玩游戏时会自动退出、蓝屏。

【可能原因】通常是由于超频引起的。

【分析处理】（1）进入 BIOS 设置将 CPU 频率降低。

（2）无法进入 BIOS 设置的可将 CMOS 电池取出，或采用短接、跳线清除 CMOS 设置。

【故障现象 10】开机后显示 "on board partly error"。

【可能原因】通常是由于内存条故障引起的。

【分析处理】（1）进入 BIOS 设置检查有关内存的设置项。

（2）内存条本身有质量问题或接触不良，可以重新拔插内存条或更换内存条。

（3）主板电路有故障，需更换主板解决。

【故障现象 11】开机后系统无法识别到硬盘，或者进入系统时间过长。

【可能原因】硬盘电源线或数据线未接好、BIOS 设置异常。

【分析处理】（1）重新插拔硬盘电源线或数据线。

（2）进入 BIOS 检查有关系统启动项设置是否正确，系统盘应设置为第一启动盘。

（3）硬盘本身损坏引起。

【故障现象 12】由于显卡的原因造成黑屏、死机、屏闪。

【可能原因】显卡驱动丢失，显卡安装接触不良，显卡与主板不兼容。

【分析处理】（1）重新安装显卡驱动程序。

（2）重新插拔并清洁显卡金手指，排除因接触不良引起的故障。

（3）以上方法均无效时，再考虑更换显卡或主板。

任务小结

1．组装计算机硬件的顺序如下：安装机箱电源→安装 CPU 及散热风扇→安装内存条→安装主板→安装驱动器→安装各种板卡（包括显卡、声卡、网卡）→连接机箱与主板间的连线→安装输入设备及输出设备→重新检查各个接线，准备进行测试→给机器加电，进行测试。

2．安装各配件时需要注意一些问题。

● 固定电源、硬盘及光驱时为避免螺丝滑丝，请勿拧紧螺丝，等所有螺丝都到位后再逐一拧紧。

● 不要用力按压 CPU，不要用手触摸 CPU 插座的金属触点，以免造成部件损坏。

● 安装双通道内存条时，要将内存条安装在同一种颜色的内存插槽上。不同规格的内存条尽量不要同时混用，以免造成系统不稳定。

● 主板一定要与机箱底板平行，不能搭在一起，否则容易造成短路。

3．指示灯及开关的连接：主机开关、RESET 开关连线是不分方向的，只要弄清插针位置插好即可，而 HDD LED、POWER LED、SPEAKER 需要注意正负极，如果插反方向指示灯不亮或喇叭不响。一般白线或黑线表示负极，彩色线表示正极。

4．组装后要注意检查与调试，首先通电之前应再做一次仔细的检查工作，通电之后调试时要注意观察机器运行有无异常，随时准备切断主机电源，以免造成难以挽回的损失。

5．对刚组装的计算机在启动过程中出现的问题，要注意分析原因，找到故障点，从而增强排除故障的能力。

达标检测 2

一、填空题

1．计算机配件选购的原则：

一是_____，二是_____，

三是_____。

2．目前，市场上 CPU 的主流生产厂商有_____和_____。

3．选择何种内存类型是由_____来决定的。

4．我们平时对计算机的组装与维护一般只在_____级进行，很少涉及

_____。

5．台式 CPU 采用的接口方式有引脚式、卡式、触点式、针脚式等。而目前的 CPU 的接口都是_____接口，对应到主板上就有相应的插槽类型。

6．在安装处理器时，需要特别注意，在 CPU 处理器的一角上有一个_____，主板上的 CPU 插座同样也有一个。

7．安装散热器前，先要在 CPU 表面均匀地涂上一层_____，然后将散热器的四角对准主板相应的位置，用力压下四角，然后将_____接到主板的供电接口上。

8．SATA 硬盘又叫_____，支持热插拔，传输速度快，执行效率高。

9．主板上的内存插槽一般都采用两种不同的颜色来区分_____与

_____，将两条规格相同的内存条插入相同颜色的插槽中，即打开了_____。

10．组装电脑需要的硬件配件有_____、_____、_____、_____、光驱、机箱、电源、输入设备、输出设备与各种板卡。

11．计算机配件的安装和拆卸一定要在_____的情况下进行。

12．POWER SW 表示_____，HDD LED 表示_____，RESET SW 表示_____，SPEAKER 表示_____。

13．SATA 接口的硬盘数据线是_____针，其电源接口是_____针。

14．目前鼠标、键盘的接口通常是 PS/2 或 USB 接口，如果是 PS/2 接口，将键盘插头接到主机的 PS/2 插孔上，注意接键盘的 PS/2 插孔一般为_____；将鼠标插头接到主机的 PS/2 插孔中，鼠标的 PS/2 插孔紧靠在键盘插孔旁，一般为_____。

15．主板上通常有两个风扇接口，它们对应的英文标识是：系统风扇（_____）和 CPU 风扇（_____）。

二、综合应用

1．进行市场调查，了解主板、CPU、内存、显卡、声卡、网卡、硬盘、光驱等部件的高中低档品牌和价格。

2．根据市场调查结果，结合实际需要设计几种配置方案。

3．打开使用的计算机的主机箱，熟悉各个部件。

4．将一台组装好的计算机的配件全部拆下，再重新组装好。

5．到计算机配件市场观察经销商组装计算机的过程并记录。

模块 3

BIOS 基本设置

任务⑤ 进行 BIOS 设置

任务描述

了解 BIOS 的相关知识，熟练掌握基本的 BIOS 设置方式，提高 BIOS 相关英文的识别能力，解决由 BIOS 设置引起的常见问题。

任务清单

任务清单如表 3-1 所示。

表 3-1 进行 BIOS 设置——任务清单

任务目标	**【素质目标】** 通过 BIOS 参数的具体设置，培养学生良好的心理素质和责任意识； 通过解析 BIOS 常见错误信息，培养学生养成规范化操作的职业习惯。 **【知识目标】** 掌握 BIOS 的基本功能； 了解设置 BIOS 参数的方法。 **【能力目标】** 能够根据 BIOS 自检响铃，分析原因，找出故障点。
任务重难点	**【重点】** 掌握 BIOS 与 CMOS 的区别； 掌握 BIOS 的基本功能。 **【难点】** BIOS 常见错误信息和解决方法。
任务内容	1. BIOS 与 CMOS 的区别； 2. BIOS 的基本功能； 3. BIOS 自检响铃的含义； 4. 设置 BIOS 参数。
工具软件	每组提供一台计算机； 用户需求一份。
资源链接	微课、图例、PPT 课件、实训报告单。

3.1 BIOS 与 CMOS 的区别

1. 认识 BIOS

BIOS，完整地说应该是 ROM-BIOS，是只读存储器基本输入/输出系统的简写，实际上是被固化在计算机主板上 ROM 芯片上的一组程序，为计算机提供最低级、最直接的硬件控制。准确地说，BIOS 是介于硬件与软件程序之间的一个"转换器"，或者说是接口（虽然它本身也只是一个程序），负责解决硬件的即时需求，并按软件对硬件的操作要求具体执行。一块主板性能优越与否，很大程度上取决于 BIOS 程序的管理功能是否合理、先进。常见的 BIOS 芯片有 Award、AMI、Phoenix 等，在芯片上都有厂商的标记。

主板 BIOS 又称系统 BIOS，大多位于插槽或 SATA 接口附近，芯片表面一般贴有激光防伪标签，是主板上唯一贴有标签的芯片，如图 3-1 所示。

图 3-1 系统 BIOS 芯片

2. 认识 CMOS

CMOS 是互补金属氧化物半导体的缩写，其含义是指制造大规模集成电路芯片用的一种技术或用这种技术制造出来的芯片，这里通常是指计算机主板上的一块可读/写的 RAM 芯片，它存储了计算机系统的实时时钟信息和硬件配置信息等。系统在加电引导机器时，要读取 CMOS 信息，用来初始化机器各个部件的状态，它靠系统电源和后备电池来供电，系统断电后其信息不会丢失。早期的主板上，CMOS RAM 是一块焊接在主板上的独立芯片；现在的主板上，CMOS RAM 一般集成在南桥芯片中。

3. BIOS 与 CMOS 的区别

BIOS 是一组固化在主板上只读存储器 Flash ROM 芯片中的管理计算机基本硬件的程序；而 CMOS 是主板上的一块可读/写的 RAM 芯片，是系统参数存放的地方，主板上的后备电池为其供电。计算机系统启动时，BIOS 程序读取 CMOS 中的信息，初始化计算机各部件的状态。因此，准确的说法应该是通过 BIOS 设置程序对 CMOS 参数进行设置，而我们平常所说的 CMOS 设置和 BIOS 设置是其简化的说法，并未严格区分这两个概念。

3.2 BIOS 基本功能

1. 自检及初始化

（1）POST 加电自检。

计算机加电后，BIOS 最先被启动，然后依次对计算机的硬件设备进行彻底的检验和测试，即通过读取 CMOS RAM 中的内容识别硬件配置并进行自检。自检中如果发现严重错误，则立即停止启动，此时由于各种初始化尚未完成，不能给出任何提示或信号。如果发生非常严重的错误，则给出屏幕提示或声音报警，等待用户处理；如果未发现错误，则硬件自检通过。

（2）初始化。

包括创建中断向量、设置寄存器、对一些外部设备进行初始化和检测等，其中很重要的一部分是 BIOS 设置，主要针对硬件设置的一些参数，计算机启动时读取这些参数，并和实际硬件设置进行比较，如果不符合，则会影响到系统的启动。

（3）引导程序。

功能是引导 DOS 或其他操作系统。BIOS 先寻找引导记录，如果没有找到，则会在显示器上显示没有引导设备；如果找到引导记录，则会把计算机的控制权转给引导记录，由引导记录将操作系统装入计算机，在计算机启动成功后，BIOS 的这部分任务就完成了。

2. 程序服务处理和硬件中断处理。

程序服务处理程序主要为应用程序和操作系统进行服务，这些服务主要与输入/输出设备有关，如读磁盘、将文件输出到打印机等。为了完成这些操作，BIOS 必须直接与计算机的 I/O 设备打交道，它通过端口发出命令，向各种外部设备传送数据和接收数据，使程序能够脱离具体的硬件操作；而硬件中断处理则分别处理 PC 硬件的需求，因此这两部分分别为软件服务和硬件服务，组合在一起，为计算机系统提供服务。

BIOS 的服务功能是通过调用中断服务程序来实现的，这些服务分为很多组，每组都有一个专门的中断。例如：视频服务，中断号为 10 H；屏幕打印，中断号为 05 H；磁盘及串行口服务，中断号为 14 H 等。每组又根据具体功能细分为不同的服务号。应用程序需要使用哪些外设、进行什么操作只需在程序中通过相应的指令说明即可，无须直接控制。

3.3 BIOS 自检响铃的含义

计算机启动过程中，如果硬件发生故障，则机箱喇叭会发出不同的报警声，通过 BIOS 的自检响铃可以判断基本的硬件故障。表 3-2 和表 3-3 分别列出了 Award BIOS 和 AMI BIOS 自检响铃的含义。

表 3-2　Award BIOS 自检响铃的含义

响　　铃	含　　义
1 短	系统正常启动
2 短	常规错误
1 长 1 短	RAM 或主板出错
1 长 2 短	显示器或显示卡有错误
1 长 3 短	键盘控制器错误
1 长 9 短	主板 Flash RAM 或 EPROM 错误，BIOS 损坏
不断地长声响	内存条未插好或损坏
不停地响	电源、显示器和显卡未连接好
重复短响	电源存在问题
无声音无显示	电源存在问题

表 3-3　AMI BIOS 自检响铃的含义

响　　铃	含　　义
1 短	内存刷新失败
2 短	内存 ECC 校验错误
3 短	系统基本内存（第 1 个 64 kB）检查失败
4 短	系统时钟出错
5 短	中央处理器（CPU）错误
6 短	键盘控制器错误
7 短	系统实模式错误，不能切换到保护模式
8 短	显示内存错误
9 短	ROM BIOS 检验错误
1 长 3 短	内存错误，内存损坏
1 长 8 短	显示测试错误

3.4　设置 BIOS 参数

1. 如何进入 BIOS 设置

开机时可以按键盘上的特定键进入 BIOS 设置程序，不同厂家的芯片进入 BIOS 的按键不同。另外，在新型号的主板中，若想在启动时临时改变启动设备顺序，如临时想用 U 盘启动，可以使用启动设备选择快捷键，如表 3-4 所示。

表 3-4　进入 BIOS 设置的按键

BIOS 厂商	进入 BIOS 设置程序快捷键	启动设备选择快捷键
Award BIOS	按【Del】键	BIOS 厂商没有共同的约定，多数是【ESC】键、【F8】键至【F12】键等，可以查找 POST 屏幕底端"BOOT MENU"旁边的提示键
AMI BIOS	按【Del】键或【ESC】键	
ThinkPad 或特殊品牌 BIOS	按【F10】键，按【F1】键或按【F2】键	
原装机启动 Logo 盖住了 BIOS 自检信息	按【Tab】键可关闭 Logo 显示，在屏幕底端看到进入 BIOS 的快捷键	

不同的主板采用的 BIOS 不同，目前大多数台式机仍然采用 Award 的 BIOS，因为 Award 公司已被 Phoenix 合并，所以目前台式机的 BIOS 大多为 Phoenix-Award 的 BIOS。本书以该 BIOS 为例，介绍如何进行 BIOS 设置。

2. Phoenix-Award 的 BIOS 设置

（1）进入 BIOS 设置主界面。

给计算机加电，机器启动，这时长按【Delete】键直到进入 BIOS 设置，如图 3-2 所示。这是 Phoenix-Award BIOS 设置的主菜单，最上面一行已标出 Setup 程序的类型是 Phoenix-Award Workstation BIOS，前面有三角形箭头标识的项目表示该项包含子菜单，主菜单上共有 14 个项目，其含义见表 3-5。

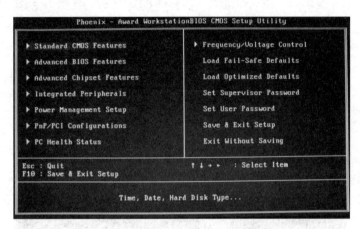

图 3-2　Phoenix-Award BIOS 设置的主菜单

表 3-5　Phoenix-Award BIOS 主菜单的含义说明

序号	菜　单	含　义	说　明
1	Standard CMOS Features	标准 CMOS 功能设定	对基本的系统配置进行设定，如时间、日期等
2	Advanced BIOS Features	高级 BIOS 功能设定	对系统的高级特性进行设定
3	Advanced Chipset Features	高级芯片组功能设定	设定主板所用芯片组的相关参数
4	Integrated Peripherals	外部设备设定	可对周边设备进行特别的设定
5	Power Management Setup	电源管理设定	可对系统电源管理进行特别的设定
6	PnP/PCI Configurations	即插即用及 PCI 参数设定	设定 ISA 的 PnP 即插即用设备及 PCI 设备的参数，此项仅在系统支持 PnP/PCI 时才有效
7	PC Health Status	PC 健康状态	显示 PC 的当前健康状况
8	Frequency/Voltage Control	频率/电压控制	设定超频有关的内容
9	Load Fail-Safe Defaults	载入最安全的默认值	载入工厂默认值作为稳定的系统使用
10	Load Optimized Defaults	载入最优性能默认值	载入最优的性能但有可能影响稳定的默认值
11	Set Supervisor Password	设置超级用户密码	超级用户的密码是启动系统及进入 Setup 设置的密码
12	Set User Password	设置普通用户密码	普通用户密码是系统启动密码
13	Save & Exit Setup	保存后退出	保存对 CMOS 的修改，然后退出 Setup 程序
14	Exit Without Saving	不保存退出	放弃对 CMOS 的修改，然后退出 Setup 程序

Phoenix-Award BIOS 设置的操作按【↑】【↓】【←】【→】【Page Up】【Page Down】方向键等修改相应参数。按【F1】键进入主题帮助，仅在状态显示菜单和选择设定菜单有效；按【F5】键从 CMOS 中恢复前一次的 CMOS 设定值，仅在选择设定菜单有效；按【F6】键从故障保护默认值表加载 CMOS 值，仅在选择设定菜单有效；按【F7】键加载优化默认值；按【F10】键保存改变后的 CMOS 设定值并退出（或按【ESC】键退回上一级菜单），也可以退回主菜单后选择 "Save & Exit Setup" 选项并按【Enter】键，在弹出的确认窗口中输入 "Y" 并按【Enter】键，即可保存对 BIOS 的修改并退出 Setup 程序。另外，一般有开关选择的选项设定值有：Disabled（禁用）、Enabled（开启），后面不再解释。

（2） "Standard CMOS Features"（标准 CMOS 功能设定）选项子菜单。

在主菜单中用方向键选择 "Standard CMOS Features" 选项并按【Enter】键，即可进入 "Standard CMOS Features" 选项子菜单，如图 3-3 所示。

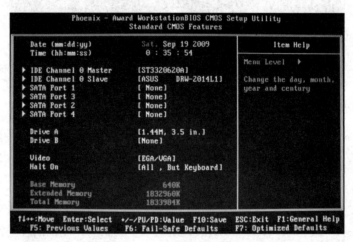

图 3-3 "Standard CMOS Features" 选项子菜单

① Date（mm:dd:yy）（日期设定）：设定计算机中的日期，格式为 "星期，月 日 年"，星期由 BIOS 定义，只读。

② Time（hh:mm:ss）（时间设定）：设定计算机中的时间，格式为 "时：分：秒"。

③ IDE Channel 0 Master/Slave（IDE 通道 0 主/从盘）：显示当前系统安装的硬盘、光驱的主、从盘设定和详细型号参数。

④ Drive A/B（驱动器 A/B）：此项设置软驱的类型，通常设置为 1.44 MB 或 Disabled。由于软驱已被淘汰，所以一般设置为 Disabled。

⑤ Video：设定视频输出类型，建议设为默认值。

⑥ Halt On（停止引导设定）：设定系统引导过程中，遇到错误时系统是否停止引导。可选择的选项有："All Errors"，侦测到任何错误，系统停止运行，等候处理，此项为默认值；"No Errors"，侦测到任何错误，系统不会停止运行；"All, But Keyboard"，除键盘错误以外侦测到任何错误，系统停止运行；"All, But Diskette"，除磁盘错误以外侦测到任何错误，系统停止运行；"All, But Disk/Key"，除磁盘和键盘错误以外侦测到任何错误，系统停止运行。

⑦ Total Memory：总内存数量 1833984 KB，即 1.75 GB 左右。

（3）"Advanced BIOS Features"（高级 BIOS 功能设定）选项子菜单。

在主菜单中用方向键选择"Advanced BIOS Features"菜单项并按【Enter】键，即可进入"Advanced BIOS Features"选项子菜单，如图 3-4 所示。

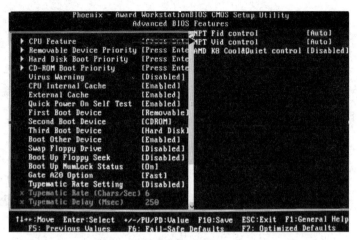

图 3-4 "Advanced BIOS Features"选项子菜单

① CPU Feature（CPU 特性）：主要设定 CPU 的相关参数。

② Removable Device Priority：类似 U 盘之类的可移动设备的启动优先顺序。

③ Hard Disk Boot Priority：多硬盘启动优先顺序。

④ CD-ROM Boot Priority：多光盘启动优先顺序。

⑤ Virus Warning（病毒报警）：在系统启动时或启动后，如果有程序企图修改系统引导扇区或硬盘分区表，BIOS 会在屏幕上显示警告信息，并发出蜂鸣报警声，使系统暂停。安装操作系统时必须关闭此项，并将其设为 Disabled。

⑥ CPU Internal Cache：CPU 内置高速缓存开关。

⑦ External Cache：外部高速缓存的开关。这两项设置值均建议为 Enabled。

⑧ Quick Power On Self Test（快速检测）：设定 BIOS 是否采用快速 POST 方式，也就是简化测试的方式与次数，让 POST 过程所需时间缩短。无论设成 Enabled 还是 Disabled，当 POST 进行时，都可按【ESC】键跳过测试，直接进入引导程序。

⑨ First/Second/Third Boot Device：设定第一/第二/第三启动设备，每个启动设备里面有若干选项，常用的启动顺序可设置为 CD-ROM、HDD、Removable Device。

⑩ Boot Other Device（其他设备引导）：将此项设置为 Enabled，允许系统在从第一/第二/第三设备引导失败后，尝试从其他设备引导。

⑪ Swap Floppy Drive：交换软驱盘符。

⑫ Boot Up Floppy Seek（开机时检测软驱）：启动时检测软驱是否存在，这两项设置基本已经被淘汰，建议设置值为 Disabled。

⑬ Boot Up NumLock Status（初始数字小键盘的锁定状态）：用来设定系统启动后，

键盘右边的小键盘是数字状态还是方向状态。当设定为 On 时，系统启动后将打开 Num Lock，小键盘数字键有效。当设定为 Off 时，系统启动后关闭 Num Lock，小键盘方向键有效。

⑭ Gate A20 Option：打开 A20 总线操作，建议设置默认值。

⑮ Typematic Rate Setting（键入速率设定）：用来控制字元输入速率设定，建议设置值为 Disabled。

⑯ Typematic Rate（Chars/Sec）：字元输入速率，字元/秒。

⑰ Typematic Delay（Msec）：字元输入延迟，毫秒。

⑱ Security Option（安全菜单）：此项指定了使用 BIOS 密码的保护类型。设置为 System 时，无论开机还是进入 CMOS SETUP 都要输入密码，设置为 Setup 时只有在进入 CMOS SETUP 时才要求输入密码。

⑲ Dual BIOS Support：双 BIOS 支持，有效抵抗破坏 BIOS 的病毒，建议设置值为 Enabled。

⑳ Full Screen Logo Show：显示全屏 Logo，有时会影响查看启动信息，启动时按【Tab】键即可跳过 Logo。

㉑ Small Logo（EPA）Show：显示 EPA 节能标志，以上两项均按默认值设置即可。

（4）"Advanced Chipset Features"（高级芯片组功能设定）选项子菜单。

在主菜单中用方向键选择"Advanced Chipset Features"选项并按【Enter】键，即可进入"Advanced Chipset Features"选项子菜单，如图 3-5 所示。

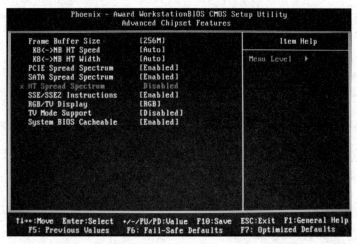

图 3-5 "Advanced Chipset Features"选项子菜单

① Frame Buffer Size：设定板载显卡占用内存数量为 256 MB。

② PCIE/SATA Spread Spectrum：设定 PCIE 和 SATA 总线抗电磁干扰 EMI 的能力，建议设置为 Enabled。

③ SSE/SSE2 Instructions：在 AMD CPU 平台上兼容 Intel CPU 的 SSE/SSE2 硬件加速指令集，建议设置为 Enabled。

④ RGB/TV Display：选择是通过扩展视频卡输出视频还是普通 VGA 输出视频，默认是 VGA 视频。

⑤ System BIOS Cacheable：系统 BIOS 缓存支持，默认值为 Enabled。

（5）"Integrated Peripherals"（外部设备设定）选项子菜单

在主菜单中用方向键选择 "Integrated Peripherals" 选项并按【Enter】键，即可进入 "Integrated Peripherals" 选项子菜单，如图 3-6 所示。

图 3-6　"Integrated Peripherals" 选项子菜单

① IDE Function Setup：设置 IDE 通道功能。展开后还有子功能项，建议均采用默认值。

② MCP Storage Config：设置 SATA 功能项，设置值为 IDE/AHCI/RAID。设置为 IDE 时采用兼容 IDE 硬盘模式，兼容性如同 IDE 硬盘一样好；设置为 AHCI 模式时提供高级 SATA 硬盘特性，但安装操作系统时会遇到兼容性问题，需要单独加载 SATA 驱动；设置为 RAID 时打开磁盘阵列模式，此时可以支持多 SATA 硬盘组建 RAID 磁盘阵列，大大提高磁盘性能。

③ HDMI Codec Control：启用 HDMI 解码控制功能，提高 HDMI 高清输出性能。

④ DVI/HDMI Select：选择 DVI/HDMI 输出方式。

⑤ Init Display First：设置首选视频输出设备。

⑥ Onboard Lan Chip：板载网卡芯片开关，可以开启或关闭主板上的网卡。

⑦ OnChip USB：板载 USB 芯片兼容模式为 USB1.1+USB2.0。

⑧ USB Keyboard Support（USB 键盘控制支持）：如果在不支持 USB 或没有 USB 驱动的环境下使用 USB 键盘（如在 DOS 下或进行 BIOS 设置时），需要将此项设置为 Enabled。

⑨ HD Audio：高性能板载声卡开关，当需要附加声卡时，应该关闭此项。

⑩ IDE HDD Block Mode：设置 IDE 的块传输模式，可以提供 IDE 总线的性能。

⑪ POWER ON Function：开机模式选择，默认只有开机键能开机，还可以设置热键开机或鼠标开机等。

⑫ Onboard FDC Controller：内置软驱控制器，没有软驱的情况下应设置为 Disabled。

⑬ Onboard Serial Port 1：内置串行口设置。

⑭ UART Mode Select：UART 模式选择。

⑮ PWRON After PWR-Fail：设置断电后重新来电时，系统自动开机。对于普通用户此项应设置为 OFF，只有这样按下开机键才开机。对于服务器用户，或者需要不间断开机运行的用户应该设置为 ON，断电后只要通电就可以自动开机运行。

（6）"Power Management Setup"（电源管理设定）选项子菜单。

在主菜单中用方向键选择"Power Management Setup"选项并按【Enter】键，即可进入"Power Management Setup"选项子菜单，如图 3-7 所示。

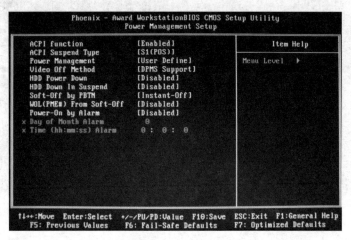

图 3-7 "Power Management Setup"选项子菜单

① ACPI function：设置 ACPI 高级电源管理功能，若关闭此项则会出现无法软关机，无法休眠，无法唤醒等故障，因而通常设置为 Enabled，配合 Windows XP 里的 ACPI 功能组件，可以实现很多高级电源管理功能。

② ACPI Suspend Type：ACPI 挂起类型。

③ Power Management：电源管理方式。

④ Video Off Method：视频关闭方式。

⑤ HDD Power Down：硬盘电源关闭模式。

⑥ HDD Down In Suspend：睡眠模式设定。

⑦ Soft-Off by PBTN：软关机方式。

⑧ WOL(PME#) From Soft-Off：用于设置是否可以通过外接网卡将系统从软关机的状态下唤醒（开机）。

⑨ Power-On by Alarm：设置是否采用定时开机。

（7）"PNP/PCI Configurations"（插即用/PCI 参数设定）选项子菜单。

在主菜单中用方向键选择"PNP/PCI Configurations"选项并按【Enter】键，即可进入"PnP/PCI Configurations"选项子菜单，如图 3-8 所示。

① Reset Configuration Data（重置配置数据）：通常应将此项设置为 Disabled。如果安装了一个新的外接卡，系统在重新配置后产生严重的冲突，导致无法进入操作系统，此时将此项设置为 Enabled，可以在退出 Setup 后，重置 Extended System Configuration Data（ESCD，扩展系统配置数据）。

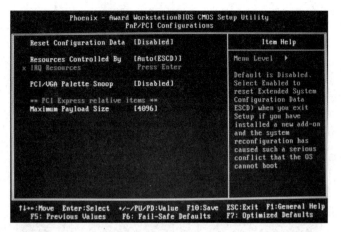

图 3-8 "PnP/PCI Configurations"项子菜单

② Resource Controlled By：资源控制。

③ PCI/VGA Palette Snoop：PCI/VGA 调色板配置。

④ Maximum Payload Size：该项可以设置 PCI Express 总线的净载荷尺寸，建议保留默认值。

（8）"PC Health Status"（PC 健康状态）选项子菜单。

在主菜单中用方向键选择"PC Health Status"选项并按【Enter】键，即可进入"PC Health Status"选项子菜单，如图 3-9 所示。

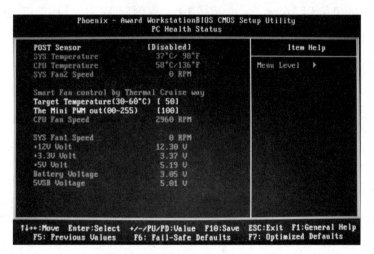

图 3-9 "PC Health Status"选项子菜单

① POST Sensor：POST 自检传感器，建议设置值为 OFF。

② SYS/CPU Temperature：显示系统温度和 CPU 温度。

③ SYS Fan2 Speed：显示系统散热扇转速。

④ Target Temperature(30~60℃)：设定温度变化区间。

⑤ The Mini PWM out（00~255）：CPU 散热风扇变速区间。

⑥ CPU Fan Speed：显示当前风扇转速为 2960 r/min，随温度变化而变化。

如图 3-9 所示是系统电源输出各路电压监测值，可用来判断电源盒的工作状态是否正常。

（9）"Frequency/Voltage Control"（频率/电压控制）选项子菜单。

在主菜单中用方向键选择"Frequency/Voltage Control"选项并按【Enter】键，即可进入"Frequency/Voltage Control"选项子菜单，如图 3-10 所示。

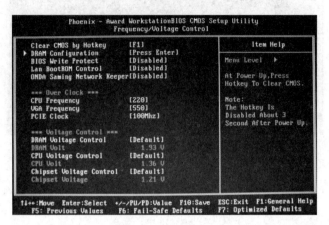

图 3-10　"Frequency/Voltage Control"选项子菜单

① Clear CMOS by Hotkey：设定当系统超频导致死锁，或 BIOS 参数设置失败无法开机时，按下某个快捷键加开机键，就可以自动恢复 CMOS 初始值。

② DRAM Configuration：内存详细设定菜单，详细设定内存的超频参数，改变这里的参数值会极大影响系统的稳定，因此建议不要轻易修改，采用默认值即可。

③ BIOS Write Protect：设置 BIOS 写保护。写保护是为了防止病毒侵入或写入错误。一般情况下，这个选项初始状态是关闭，不同主板的设置稍有不同，建议查阅相关品牌主板参数后再进行设置。

④ Lan BootROM Control：板载网卡启动 Rom。

⑤ ONDA Saming Network Keeper：昂达主板特有的网络管理功能，建议设置为 Disabled。

⑥ Over Clock 以下为超频选项。

　CPU Frequency：设置 CPU 外频。

　VGA Frequency：设置板载集成显卡外频。

　PCIE Clock：设置 PCIE 总线频率。

这三个选项为超频选项，建议不要轻易改动，否则有烧毁 CPU 的可能。

⑦ Voltage Control 以下为电压控制项。

　DRAM Voltage Control：设置内存的超频电压。

　CPU Voltage Control：设置 CPU 的超频电压。

　Chipset Voltage Control：设置主板芯片组的超频电压。

这三个选项是对内存、CPU、芯片组的工作电压进行设置，增强超频成功的概率，但若设置不当，将会大大增加 CPU、内存或芯片组烧毁的可能性，因此初学者不要尝试设置这些选项。

（10）其他项目设置

① 设置密码。设置密码的方式有两种：Supervisor password，超级用户密码，是计算

机系统启动及进入 BIOS 的 Setup 设置程序的密码；User password，用户密码，只能进入系统，但无权修改 BIOS 设定程序。选择相应功能，系统要求输入密码，最多 8 个字符，且有大、小写之分。输入完毕后，系统会要求再次输入密码确认，如图 3-11 所示。然后按【Enter】键确认密码，按【ESC】键放弃此项操作。要清除已设置的密码，只需在弹出输入密码的窗口时按【Enter】键，然后确认，系统重启后，不需要输入密码直接进入设定程序。使用密码功能，则会在每次进入 BIOS 设定程序或进入系统前，都被要求输入密码，这样可以避免任何未经授权的人改变系统的配置信息或擅自使用计算机。另外，可在高级 BIOS 特性设定中的"Security Option"（安全菜单）选项中设定启用此功能，如果将"Security Option"设定为 System，系统引导和进入 BIOS 设定程序前都会要求输入密码；如果设定为 Setup，则仅在进入 BIOS 设定程序前要求输入密码。

② "Load Optimized Defaults"菜单的作用是载入最优化默认值，是主板制造商为了优化主板性能而设置的默认值。选择此菜单项，出现如图 3-12 所示的提示。询问是否载入最优化的默认值，选择"Y"选项即可载入最优化的默认值。

Enter Password:	Load Optimized Defaults (Y/N)? N
图 3-11　输入密码图	图 3-12　载入最优化默认值

③ "Load Fail-Safe Defaults"菜单的作用是载入 BIOS 最安全的默认值，是 BIOS 厂家为了稳定系统性能而设定的默认值。

④ "Save & Exit Setup"菜单，保存对 CMOS 的修改，然后退出 Setup 程序。

⑤ "Exit Without Saving"菜单，放弃对 CMOS 的修改，然后退出 Setup 程序。

知识拓展

BIOS 常见错误信息和解决方法

（1）CMOS battery failed（CMOS 电池失效）。

分析解决：说明 CMOS 电池的电力已不足，应更换新的电池。

（2）CMOS check sum error-Defaults loaded（CMOS 执行全部检查时发现错误，因此载入预设的系统设定值）。

分析解决：发生这种状况通常是因为电池电力不足，所以不妨更换电池。如果问题仍旧存在，那就说明 CMOS RAM 可能有问题，最好送回原厂处理。

（3）Display switch is set incorrectly（显示开关配置错误）。

分析解决：这个错误提示表示主板上的设定和 BIOS 里的设定不一致，重新设定即可。

（4）Press ESC to skip memory test（内存检查，可按【ESC】键跳过）。

分析解决：如果在 BIOS 内并未设定快速加电自检，那么开机就会执行内存的测试，如果不想等待，可按【ESC】键跳过或到 BIOS 内开启 Quick Power On Self Test 功能。

（5）Secondary Slave hard fail（检测从盘失败）。

分析解决：CMOS 设置不当（例如，没有从盘，但在 BIOS 中设置了从盘），或者可能硬盘的数据线未接好，也可能硬盘跳线设置不当。

（6）Override enable-Defaults loaded（当前 CMOS 设定无法启动系统，载入 BIOS 预设值以启动系统）。

分析解决：可能是 BIOS 内的设定并不适合你的计算机，这时进入 BIOS 设定重新调整即可。

（7）Press F1 to Continue，Del to setup（按【F1】键继续，或者按【Delete】键进入 BIOS 设置程序）。

分析解决：通常出现这种情况的可能性非常多，但是大多都是 BIOS 设置存在问题。可重新修改 BIOS 设置。

（8）Memory test fail（内存测试失败）。

分析解决：因为内存不兼容或故障所导致，所以应先以每次开机安装一条内存的方式分批测试，找出有故障的内存。

（9）Hard disk install failure（硬盘安装失败）。

分析解决：这可能是由硬盘的电源线或数据线未接好或者硬盘跳线设置不当引起的，可以检查硬盘的各种连线是否插好，检查硬盘的跳线设置是否正确。

（10）Press TAB to show POST screen（按【Tab】键可以切换屏幕显示）。

分析解决：有一些 OEM 厂商会以自己设计的显示画面来取代 BIOS 预设的开机显示画面，而此提示就是要告诉用户可以按【Tab】键在厂商自定义画面和 BIOS 预设的开机画面之间进行切换。

EC 基本概念和特点

EC，即 Embedded Controller，嵌入式控制器的简称，或称电源管理芯片，是一个 16 位的单片机，是笔记本电脑独有的、用来进行电源管理和键盘控制的功能芯片。

EC 芯片是笔记本电脑内置键盘控制器（Keyboard Controller，KBC）。在台式机中，键盘和鼠标作为计算机外设之一，独立于系统主机，其通过标准的 PS/2 或 USB 端口与计算机主机进行连接，而在笔记本电脑中，为了实现便携目的，内置了键盘和鼠标（如触摸板），因此，需要有专用 EC 芯片进行控制。EC 芯片是 BIOS 的"物理控制器"和"载体"，键盘的 24Pin 脚连接 EC 芯片的 24 个引脚，通过改变 EC 各引脚的低电平来实现信号输入。

EC 芯片是系统电源控制单元（Power Control Unit，PCU）。笔记本电脑设计既要保证系统有良好的散热性能，又要尽量减少 CPU 风扇工作时发出的噪声，计算机系统要根据 CPU 的实际温度，合理控制 CPU 风扇的转速。同时，在系统进入睡眠、休眠或关机状态模式下，实现系统智能电池的电量侦测、充放电控制，以及一些实用的主机工作状态指示和快捷按键，如无线网卡开关、电源状态指示灯等。这些任务都是需要 EC 芯片来控制实现。EC 芯片控制图，如图 3-13 所示。

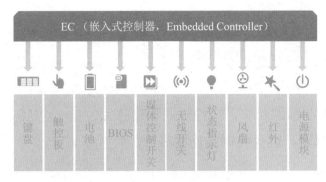

图 3-13　EC 芯片控制图

在关机状态下，EC 一直保持运行，并在等待用户的开机信息。在系统关机时，只有 RTC 部分和 EC 部分在运行。RTC 部分维持着计算机时钟和 CMOS 设置信息，而 EC 则在等待用户按开机键。检测到用户按开机键后，EC 会通知整个系统开启电源。开机后，EC 作为键盘控制器、充电指示灯以及风扇等设备的控制设备，控制着系统的待机、休眠等状态。

UEFI 基本概念和特点

UEFI 是统一可扩展固件接口（Unified Extensible Firmware Interface，UEFI），是用来定义操作系统与系统固件之间的软件界面，作为 BIOS 的替代方案。可扩展固件接口负责加电自检（POST）、联系操作系统以及提供连接操作系统与硬件的接口。UEFI 最初是 Intel 在 2000 年开发的，称为可扩展固件接口（Extensible Firmware Interface，EFI）。Intel 在 2005 年交由统一可扩展固件接口论坛（Unified EFI Forum）来推广与发展，为了凸显这一点，EFI 更名为 UEFI（Unified EFI）。UEFI 论坛的创始者是 11 家知名公司，包括 Intel、IBM 等硬件厂商，软件厂商 Microsoft，及 BIOS 厂商 AMI、Insyde、Phoenix。

UEFI 与 BIOS 显著的区别在于，UEFI 是用模块化、C 语言风格的参数堆栈传递方式，动态链接的形式构建的系统，较 BIOS 而言更易于实现，容错和纠错特性更强，缩短了系统研发的时间。它运行于 32 位或 64 位模式，乃至未来增强的处理器模式下，突破传统 16 位代寻址能力，达到处理器的最大寻址。它利用加载 EFI 驱动的形式，识别与驱动硬件。

UEFI 支持图形界面，操作 BIOS Setup 如同在 Windows 下，支持鼠标操作，甚至触控操作，支持大容量硬盘。

任务小结

1. BIOS 程序、BIOS 芯片与 BIOS Setup 程序三者的区别：BIOS 是一种业界标准的固件接口，是个人计算机启动时加载的第一个软件，它是系统中硬件与软件之间的连接纽带；BIOS 芯片是用来存储 BIOS 程序的物理载体；BIOS Setup 是用来设置 BIOS 参数的用户程序。

2. BIOS 与 CMOS 的区别：BIOS 是一组固化在主板上只读存储器 Flash ROM 芯片中的管理计算机基本硬件的程序；而 CMOS 是主板上的一块可读写的 RAM 芯片，是系统参数存放的地方，主板上的后备电池为其供电。准确的说法应该是通过 BIOS 设置程序对 CMOS 参数进行设置。

3．BIOS 的基本功能：自检及初始化；程序服务处理和硬件中断处理。

4．Phoenix-Award 的 BIOS 设置：介绍了 14 个子菜单选项的功能，了解各子菜单选项的含义，掌握常用设置是非常必要的。

5．EC 是嵌入式控制器的简称，或称电源管理芯片，是一个 16 位的单片机，是笔记本独有的用来进行电源管理和键盘控制的功能芯片。

达标检测 3

一、填空题

1．BIOS，完整地说应该是 ROM—BIOS，是_____的简写，实际上是被固化到计算机主板_____芯片上的一组程序。

2．CMOS 是_____的缩写，通常是指电脑主板上的一块_____芯片。

3．Halt On 的默认值为_____，表示侦测到任何错误，系统都停止运行，等候处理；_____，表示除键盘错误以外侦测到任何错误，系统停止运行；_____，表示除磁盘错误以外侦测到任何错误，系统停止运行；All,But Disk/Key，表示除_____任何错误，系统停止运行。

4．UEFI 全称为_____，用于操作系统自动从预启动的操作环境加载到一种操作系统上，支持图形界面、鼠标操作，大容量硬盘等。

5．EC 是_____的简称，是一个 16 位的单片机，是笔记本独有的用来进行_____和_____的功能芯片。

二、综合应用

练习以下常见的 BIOS 参数设置操作：

（1）查看 CPU、内存、硬盘、光驱等型号；

（2）查看计算机系统健康状况；

（3）设置启动顺序项；

（4）修改 BIOS 口令；

（5）修改防病毒警告；

（6）BIOS 刷写的允许和关闭；

（7）改变 SATA 接口模式；

（8）关闭板载声卡、网卡；

（9）允许使用 USB 键盘；

（10）CPU 与内存超频设定。

模块 4

●●●●● 软件安装与调试

任务 ⑥ 分区与格式化硬盘

任务描述

硬盘是计算机重要组成部件，也是同学们学习的重点，最近小王同学新买了一块硬盘，还没有分区，你能否帮他完成分区规划并进行相应的分区格式化？

任务清单

任务清单如表 4-1 所示。

表 4-1　分区与格式化硬盘——任务清单

任务目标	【素质目标】 通过讲解硬盘格式化前的备份操作，培养学生规范化操作的职业习惯； 通过规划分区容量，培养学生精益求精的职业素养。 【知识目标】 掌握硬盘低级格式化； 掌握硬盘高级格式化； 了解硬盘分区。 【能力目标】 能够使用 U 盘制作启动安装盘。
任务重难点	【重点】 掌握硬盘分区与格式化操作； 掌握硬盘分区管理。 【难点】 硬盘分区。
任务内容	1. 认识硬盘分区与格式化操作； 2. 硬盘低级格式化； 3. 硬盘分区； 4. 硬盘高级格式化； 5. 硬盘分区管理。

工具软件	每组提供一台计算机； 用户需求一份。
资源链接	微课、图例、PPT 课件、实训报告单。

 任务实施

4.1 认识硬盘分区与格式化操作

一块新的硬盘需要经过低级格式化、分区、高级格式化，然后才能安装操作系统，操作过程如图 4-1 所示。

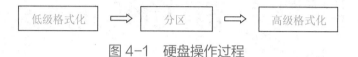

图 4-1 硬盘操作过程

1. 认识低级格式化

硬盘的低级格式化，又称硬盘的物理格式化，其主要目的是划分磁道，建立扇区数和选择扇区的间隔比，即为每个扇区标注物理地址和扇区头标志，并以硬盘能识别的方式进行编码。

通常来说，新硬盘在出厂时已进行低级格式化，并且在硬盘的引导区往往保存着厂家的硬盘工作信息，用户无须重做。若经常对硬盘进行低级格式化，则会缩短硬盘的使用寿命。但如果所用硬盘坏道较多或无法通过杀毒软件清除计算机病毒，那就不得不对硬盘进行低级格式化处理。

对于出现坏道较多的硬盘，用户做低级格式化的主要目的是修复硬盘，将坏磁道标记出来，防止以后向坏道处写入信息。对于无法通过杀毒软件清除计算机病毒的硬盘，进行低级格式化将会删除原来硬盘中保存的全部数据，因为低级格式化是对硬盘最彻底的初始化方式，将重新整理硬盘结构，对硬盘结构进行规划，重新划分磁道和扇区。

2. 认识分区

硬盘分区，就是将硬盘划分为几个大小不同的存储区域，以便存储不同的数据，使它们互不干扰。我们通常需要把磁盘的第一个区域用来存放操作系统，后面的区域则按功能划分为资料区、游戏区、备份区等。

在讲解硬盘的分区结构之前，有必要对硬盘的物理扇区和逻辑扇区的对应关系进行简单介绍。所谓物理扇区是指用"柱面""磁头""扇区"3 个参数来表示硬盘的某一区域，用这种表示方法标识的磁盘扇区我们称为物理扇区。但在操作系统进行磁盘数据管理时，并非直接使用物理扇区进行分配的，它是通过一个数字来表示分配的扇区，这个数字称为逻辑扇区数。合理的分区可以有效利用硬盘的空间，有利于系统安全和数据保护。

3. 认识高级格式化

硬盘分区后，必须经过高级格式化后才能被使用。可以形象地理解为这些逻辑磁盘只是一座座空城，要使用这些空城，还需要在里面搭建城堡，这个过程就相当于逻辑磁盘的高级格式化。高级格式化是针对逻辑磁盘而言的，既不是针对整个物理硬盘，也不是针对某个目录。

硬盘经过低级格式化后，将盘片划分成柱面、磁道和扇区。扇区是硬盘进行数据存储的最小单位，而操作系统对硬盘进行数据管理时并非以扇区为单位。硬盘在进行数据的组织与存储时，主要是解决文件"按名存取"的问题，也就是说，操作系统是把数据以文件为单位存储在硬盘上，而硬盘在经过高级格式化后，把若干个扇区组织成一个个的"簇"（cluster），而簇是操作系统进行文件数据读写操作的最小单位。

上面在讲解低级格式化时，曾说明低级格式化的主要作用是构造磁道和扇区，这就好比在一片空地上盖房子（一个个的扇区），为了管理这些房子，还要给它们编上号，记录它们的地址，盖好房子后，管理部门（操作系统）并不是以房子为单位进行管理，而是把若干个房子组织成一个家庭（簇）进行管理。硬盘高级格式化的过程就好比是管理部门（操作系统）把若干个房子组织成一个家庭（簇）的过程，硬盘经过高级格式化后，管理部门（操作系统）就可以安排硬盘里住"人"（数据）了。

4.2 硬盘低级格式化

1. 低级格式化的方法

硬盘低级格式化的方法有很多，可以使用工具软件，常见的有 Lformat、DM 及硬盘厂商们推出的各种硬盘低级格式化工具软件等；有的主板 BIOS Setup 本身就有对硬盘低级格式化的功能项，可直接利用此选项对硬盘进行低级格式化。本书主要介绍工具软件 DM 对硬盘进行低级格式化的方法。

2. 使用 DM 对硬盘低级格式化

这里以 DM 为例介绍低级格式化的使用方法。DM 的全称是 Disk Manager，是 Ontrack 公司开发的一个硬盘分区管理软件。其特点是支持大硬盘分区，分区速度快，操作界面是图形化结构，便于识别易懂，更加人性化。其操作步骤为：

（1）用启动盘启动系统，运行 DM，出现如图 4-2 所示的主界面，单击"Utillites"按钮；

（2）选择"Zero Fill Drive（Full）"单选按钮低级格式化整个硬盘，如图 4-3 所示。

单击"next"按钮开始进行低级格式化，低级格式化硬盘需要时间较长，因为它要往整个硬盘里写入零，当低级格式化完成后，按【Ctrl+Alt+Del】组合键重启计算机。

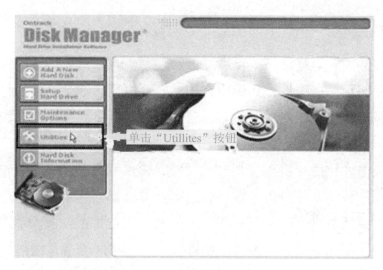

图 4-2　DM 主界面

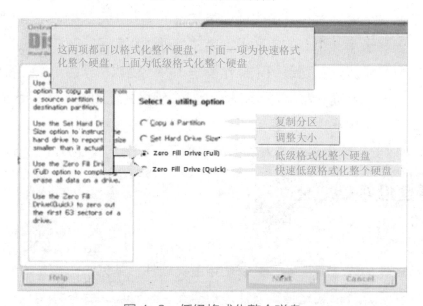

图 4-3　低级格式化整个磁盘

4.3　硬盘分区

1. 分区类型

创建分区之前,首先要确定准备创建的分区类型采用 MBR 分区表还是 GPT 分区表模式。

MBR 是主引导记录(Master Boot Record),在传统硬盘分区模式中,引导扇区是每个分区(Partition)的第一扇区,而主引导扇区是硬盘的第一扇区,如图 4-4 所示。为了方便计算机访问硬盘,把硬盘上的空间划分成许许多多的区块(Sectors,扇区),然后给每个区块分配一个地址,称为逻辑块地址(LBA)。

采用 MBR 分区表模式的磁盘有三种分区类型,它们是主分区、扩展分区和逻辑分区。

（1）主分区

主分区,也称主磁盘分区,用来存储操作系统。每个硬盘至少有 1 个主分区,主分区中不能再划分其他类型的分区。

（2）扩展分区

主分区以外的硬盘空间为扩展分区，扩展分区不能直接使用，必须分成若干逻辑分区。

（3）逻辑分区

在扩展分区上划分的分区为逻辑分区，所有的逻辑分区都是扩展分区的一部分。

一个硬盘主分区至少有 1 个，最多 4 个；扩展分区可以没有，最多 1 个，且主分区+扩展分区总共不能超过 4 个；逻辑分区可以有若干个。硬盘的容量=主分区的容量+扩展分区的容量；扩展分区的容量=各个逻辑分区的容量之和。

GPT 即 GUID 磁盘分区表，是全局唯一标识磁盘分区表（GUID Partition Table），采用 GPT 分区表模式的磁盘没有主分区和逻辑分区这些概念，所有分区都是主分区，是新一代分区表格式，能很好地管理大容量硬盘，很好地与 UEFI（Unified Extensible Firmware Interface，"统一的可扩展固件接口"）相配合，如图 4-5 所示。

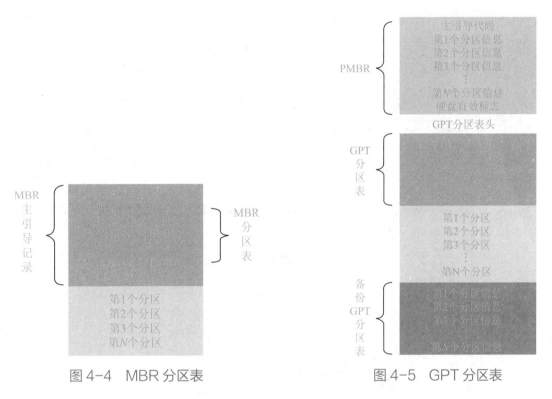

图 4-4　MBR 分区表　　　　　图 4-5　GPT 分区表

采用 GPT 分区表模式的磁盘的第一个数据块中同样有一个与 MBR（主引导记录）类似的标记，叫作 PMBR。PMBR 的作用是当使用不支持 GPT 的分区工具时，整个硬盘将显示为一个受保护的分区，以防止分区表及硬盘数据遭到破坏。UEFI 并不从 PMBR 中获取 GPT 磁盘的分区信息，它有自己的分区表，即 GPT 分区表。在 Windows 系统中，微软设定 GPT 磁盘最大分区数量为 128 个。另外，GPT 分区方案中逻辑块地址（LBA）采用 64 位二进制数表示，可以表示更多个逻辑块地址。除此之外，GPT 分区方案在硬盘的末端还有一个备份分区表，保证分区信息不容易丢失。

GPT 分区表与 MBR 分区表的主要区别：

（1）支持的分区个数不同。

① MBR 分区表的硬盘最多支持划分 4 个主分区磁盘。

② GPT 分区表类型的硬盘原则上不受分区个数的限制，但在 Windows 环境中设定 GPT 磁盘最大分区数量为 128 个。

（2）支持的硬盘大小不同。

① MBR 分区表类型最大仅支持 2 TB 的硬盘。

② GPT 分区表类型最大支持 18 EB 的硬盘。

1 EB=1024 PB，1 PB=1024 TB。

（3）损坏后的严重程度不同。

① MBR 有自己启动代码，一旦启动代码被破坏，系统就没法启动，只有通过修复才能启动系统。

② GPT 减少了分区表损坏的风险，GPT 在硬盘最后保存了一份分区表的副本。

（4）兼容性不同。

① MBR 具有转好的兼容性。

② GPT 分区兼容性不如 MBR。所以在 GPT 分区表的最开头，出于兼容性考虑仍然存储了一份传统的 MBR 区，用来防止不支持 GPT 的硬盘管理工具错误识别并破坏硬盘中的数据。

清楚了硬盘分区表类型，下面我们通过两种方法来介绍一下如何查看硬盘的分区表类型。

方法一：磁盘管理查看，右击"计算机"图标，选择"管理→存储→磁盘管理"选项，如图 4-6 所示。

图 4-6　磁盘管理

选择一个磁盘（注意是磁盘而不是分区），右击该磁盘，选择"属性→卷"选项，查看磁盘分区形式，如图 4-7 所示。

方法二：diskpart 命令行查看。

（1）【win+R】打开运行框。

（2）输入"CMD"回车。

（3）输入"diskpart"，回车等显示出"DISKPART>"。

（4）输入"list disk"，回车。

（5）如图 4-8 所示为 diskpart 命令行查看硬盘分区表类型。

图 4-7　磁盘分区形式

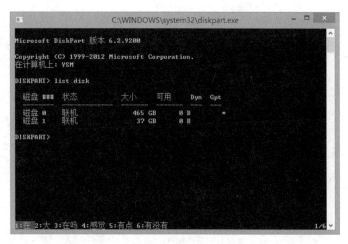

图 4-8　diskpart 命令行查看硬盘分区表类型

2. 分区格式

（1）FAT16

FAT16 采用 16 位的文件分配表，能支持的最大分区为 2 GB，具有较高的兼容性，几乎所有的操作系统都支持这一种格式，从 Dos、Windows 3.x、Windows 95、windows 97 到 Windows 98、Windows NT、Windows 2000/XP、Linux 都支持这种分区格式。相对速度快，CPU 资源耗用少。FAT16 分区的缺点是硬盘的利用率低，安全性差，易受病毒攻击。目前，这种分区格式基本被淘汰，不过某些旧数码照相机中的存储卡只支持 FAT16 格式。

（2）FAT32

FAT32 采用 32 位的文件分配表，单个硬盘的最大容量达到 2 TB，支持这种分区格式的操作系统有 Windows 95、Windows 97、Windows 98 和 Windows 2000/XP。这种分区格式的优点是大大减少了硬盘空间的浪费，提高了硬盘利用率。但是这种分区格式也有它的缺点，运行速度比采用 FAT16 格式分区的硬盘要慢；分区内单个文件大小不能超过 4 GB，安全性仍然较差。目前，数码产品全部都支持 FAT32 格式。

exFAT（Extended File Allocation Table File System，扩展 FAT，也称 FAT64，即扩展文件分配表）是 Microsoft 在 Windows Embeded 5.0 以上（包括 Windows CE 5.0/6.0，Windows Mobile 5/6/6.1）中引入的一种适合于闪存的文件系统，为了解决 FAT32 等不支持 4GB 及其更大的文件的问题而推出的。

（3）NTFS

NTFS 是 Windows NT 以及之后的 Windows 2000、Windows XP、Windows Server 2003、Windows

Server 2008、Windows Vista、Windows 7、Windows 8 和 Windows 10 的标准文件系统。NTFS 取代了文件分配表（FAT）文件系统，其显著的优点是安全性和稳定性极其出色，缺点是兼容性差。目前，Windows Vista 以后的操作系统均要求必须安装在 NTFS 分区上。

3. 分区方法

常见的分区软件有很多，如 Disk Manager、Partition Magic 和 DiskGenius。下面以 DiskGenius 为例介绍分区方法。

（1）建立分区。

如果要建立主分区或扩展分区，需要在硬盘分区结构图上选择建立分区的空闲区域。如果要建立逻辑分区，需要先选择扩展分区中的空闲区域，如图 4-9 所示。然后单击工具栏"新建分区"按钮，或依次选择"分区→建立新分区"选项，也可以在空闲区域上右击，然后在弹出的菜单中选择"建立新分区"选项。弹出"建立分区"对话框，如图 4-10 所示。

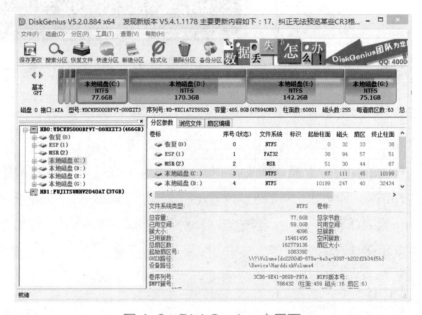

图 4-9　DiskGenius 主界面

图 4-10　"新建分区"对话框

② 按需要选择分区类型、文件系统类型、输入分区大小后，单击"确定"即可建立分区。

对于某些采用了大物理扇区的硬盘，比如 4 KB 物理扇区的西部数据硬盘，其分区应该对齐到物理扇区个数的整数倍，否则读写效率会下降。此时，应该勾选"对齐到下列扇区数的整数倍"复选框，并选择需要对齐的扇区数目。

如果需要设置新分区的更多参数，可单击"详细参数"按钮，以展开对话框进行详细参数设置，如图 4-11 所示。

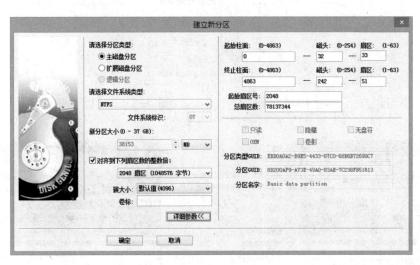

图 4-11　详细参数设置

③ 对于 GUID 分区表格式，还可以设置新分区的更多属性，设置完参数后单击"确定"按钮即可按指定的参数建立分区。

新分区建立后并不会立即保存到硬盘，仅在内存中建立。执行"保存分区表"命令后才能在"我的电脑"中看到新分区。这样做的目的是防止因误操作造成数据破坏。要使用新分区，还需要在保存分区表后对其进行格式化。

（2）在已经建立的分区中建立新分区

有时，我们需要从已经建立的分区中划分出一个新分区来，使用 DiskGenius 软件，很容易实现该功能。

① 选中需要建立新分区的分区，右击并选择"建立新分区"选项，如图 4-12 所示。

② 在弹出的"调整分区容量"对话框中，设置新建分区的位置与大小等参数，然后单击"开始"按钮。所有操作均与无损分区大小调整相同，如图 4-13 所示。

（3）分区表格式转换

前面我们已经讲过硬盘分区表有 MBR 分区表和 GPT（GUID）分区表两种模式，下面我们来了解一下如何实现分区表的转换。首先右击需转换的磁盘，如图 4-14 所示，在弹出的菜单中可以看到"转换分区表类型为 GUID 格式"和"转换分区表类型为 MBR 格式"两个选项，选中所需格式转换的选项即可实现分区表格式转换。

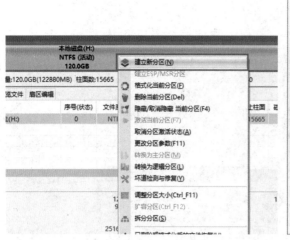

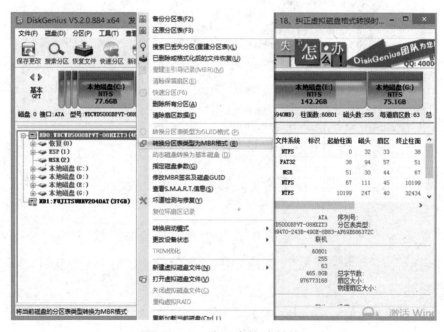

图 4-12　在已经建立的分区上建立新分区　　　图 4-13　"调整分区容量"对话框

图 4-14　分区表格式转换

4.4　硬盘高级格式化

硬盘的格式化有两种类型：一种叫低级格式化，也称物理格式化（已在"4.1.1 认识硬盘分区与格式化操作"中介绍）；另一种是高级格式化，又称逻辑格式化，通常所说的格式化是指高级格式化。

1. 利用操作系统自带的功能进行格式化

打开"计算机"窗口，右击要格式化的分区 D，在弹出的快捷菜单中，选择"格式化"命令，弹出"格式化磁盘"对话框，然后选择"文件系统及格式化"选项，单击"开始"按钮，即可对 D 盘进行格式化。格式化操作，如图 4-15 所示。

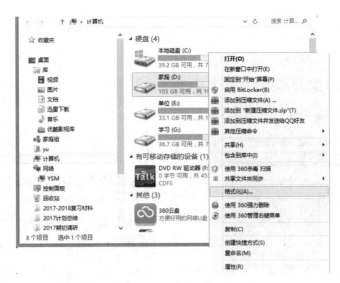

图 4-15　格式化操作

2．利用分区软件进行格式化

前面我们已经介绍的 Disk Manager、Partition Magic 和 DiskGenius 三款软件都具有格式化功能，在工具栏及菜单栏都有相应功能项，操作比较简单，在此不再赘述。

4.5　硬盘分区管理

1．PM（Partition Magic）硬盘分区魔术师

如果计算机在使用一段时间后发现分区结构不合理，想调整硬盘分区的容量，又不破坏硬盘数据，Partition Magic 与 DiskGenius 两款软件都能很好地解决这一问题，下面我们以 Partition Magic 为例进行介绍。Partition Magic 是一款非常优秀的硬盘分区管理软件，可以在不损坏磁盘数据的情况下，任意改变、隐藏硬盘的分区，还能实现分区的拆分、合并、删除等功能，实现硬盘动态分区和无损分区。

（1）查看分区情况。

Partition Magic 程序的主界面如图 4-16 所示。磁盘分区方案以图形方式呈现在我们面前，查看各分区的系统类型、大小、已使用及未使用空间、是否为活动分区等。

（2）创建新分区。

① 在主界面单击"创建一个新分区"选项或者单击"任务→创建新的分区"选项，然后在弹出的对话框中单击"下一步"按钮。

② 在出现的"创建新的分区之创建位置"对话框中有两个选项，一般单击默认选项"在磁盘之后"创建新分区。单击"下一步"按钮出现"减少哪一个分区的空间"对话框，选择需要创建的分区容量从哪个分区获得。

③ 单击"下一步"按钮，弹出如图 4-17 所示的"创建新的分区"对话框，在"大小"选项中选择要创建分区的大小（单位是 MB）；"卷标"为该分区名，命名与否均可；"创建为"选项用于确定将该分区创建为主分区还是逻辑分区。如果已有一个主分区，则一定

将其创建为逻辑分区，这也是默认选项；在"文件系统类型"中选择该分区的文件类型，单击"下一步"按钮，待确定无误后，单击"完成"按钮，即完成分区的创建。新分区创建前、后的磁盘空间分配对比，如图 4-18 和图 4-19 所示。

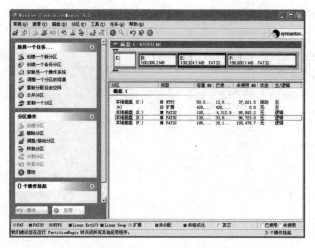

图 4-16　Partition Magic 程序的主界面

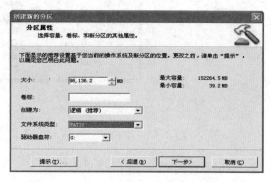

图 4-17　"创建新的分区"对话框

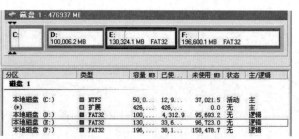

图 4-18　新分区创建前的磁盘空间

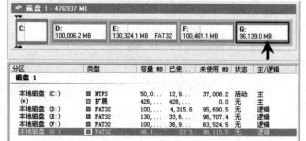

图 4-19　新分区创建后的磁盘空间

单击主界面左下角的"应用"按钮，重新启动计算机后就可以在"我的电脑"中看到新分区了。

（3）调整现有分区的容量。

① 在主界面左侧的"选择一个任务"栏，单击"调整一个分区的容量"选项。

② 在弹出的"调整分区的容量"对话框中，单击"下一步"按钮，在"选择分区"对话框中选择需要调整的分区，单击"下一步"按钮。

③ 在弹出的"调整分区的容量"对话框中输入分区调整后的容量值，根据提示在调整范围的最大和最小值之间输入需要调整的数值，输入完毕后，单击"下一步"按钮。如果输入的数值是增大原分区的容量，就会弹出"调整分区的容量"对话框，如图 4-20 所示；如果输入的数值是缩小原分区的容量，则会弹出"提供给哪一个分区空间"对话框。

增加分区容量时，"调整分区的容量"对话框，用来选择需要扩充的容量从哪一个分区获得，可以在该对话框中选择要将容量划给需扩充的分区，选择完毕，单击"下一步"按钮，确认分区调整容量，如图 4-21 所示。在对话框中显示了调整前、后分区容量变化对比图，最后单击"完成"按钮，完成分区容量的扩充。如果没有勾选对话框中列出的任何

计算机组装与维护（第 5 版）

一个分区，直接单击"下一步"按钮继续操作时，则会出现一个错误提示。

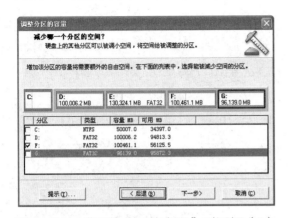
图4-20 "调整分区的容量"对话框（1）

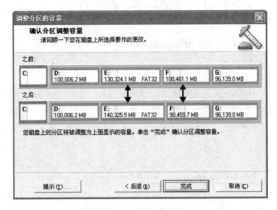
图4-21 "调整分区的容量"对话框（2）

减少分区容量时，将调整后多出的容量添加到某一个分区中。勾选目标分区，表示多出的容量将添加到该分区中。选择完毕后，单击"下一步"按钮，进入"调整分区的容量"对话框，在该对话框中显示了调整前、后分区容量变化对比图，确认无误后，单击"完成"按钮，完成分区的容量调整。如果对所有列出的分区都不进行勾选，则多出的容量将自动变成"未分配空间"区域。

（4）合并分区。

合并分区时，合并操作必须在同一个物理硬盘的两个分区之间进行，两个分区必须是相邻的，并且文件系统格式相同，不一定要盘符相邻，而是两个分区在磁盘上的位置必须相邻。

选中需要进行合并的分区，右击，在弹出的快捷菜单中单击"合并"命令，或者单击"分区→合并"选项，此时会弹出"合并邻近的分区"对话框，如图4-22所示。

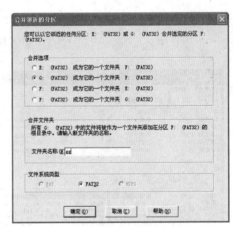
图4-22 "合并邻近的分区"对话框

在该对话框中可以选择合并后的新驱动器的盘符，而原来分区上的内容将存储在新分区中的一个文件夹内，在"文件夹名称"文本框中输入这个文件夹的名称，单击"确定"按钮，完成分区的合并操作，合并前、后的磁盘分区对比，如图4-23和图4-24所示。

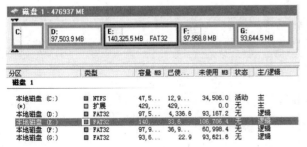
图4-23 合并之前的磁盘分区

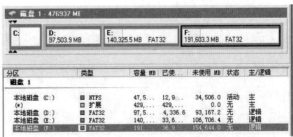
图4-24 合并之后的磁盘分区

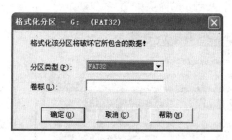

图 4-25 "格式化分区"对话框

（5）格式化分区。

选中需要格式化的分区，右击，在弹出的快捷菜单中单击"格式化"选项，弹出"格式化分区"对话框，如图 4-25 所示。单击"确定"按钮，再单击"应用"按钮即可。

除了以上操作，Partition Magic 还可以进行复制分区、转换分区格式、删除分区、隐藏分区等操作。

2. Windows 7 的磁盘管理

当安装完操作系统后，其他分区可以在 Windows 7 系统下使用磁盘管理工具来完成。

（1）依次选择"控制面板→系统和安全→管理工具→创建并格式化硬盘分区"命令，打开"磁盘管理"窗口，就可以看到当前计算机中所有磁盘分区的详细信息了，如图 4-26 所示，也可以在"开始"菜单中的"搜索"文本框中输入"diskmgmt.msc"，按【Enter】键。

（2）在磁盘 1 上右击，在弹出的菜单中选择"新建磁盘分区"命令，弹出"新建磁盘分区向导"对话框，单击"下一步"按钮后，选择"主磁盘分区"单选按钮，如图 4-27 所示。

（3）单击"下一步"按钮，依据提示输入分区大小，如输入"20000"，如图 4-28 所示。

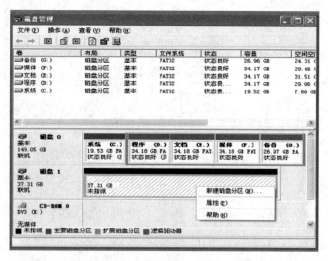

图 4-26 "磁盘管理"窗口

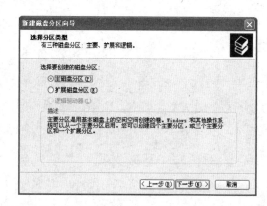

图 4-27 新建磁盘分区向导——选择分区类型

（4）单击"下一步"按钮，出现指派驱动器号和路径，继续单击"下一步"按钮后，系统会提示用户"要在这个磁盘分区上储存数据，必须先将其格式化"，选择"按下面的设置格式化这个磁盘分区"单选按钮，然后在"文件系统"中指定分区格式，一般选择 FAT32 或 NTFS，"分配单位大小"可采用默认值；"卷标"可以自己随意定义，如图 4-29 所示。单击"下一步"按钮，出现已成功完成新建磁盘分区向导的提示，单击"完成"按钮即可。

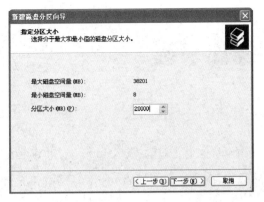
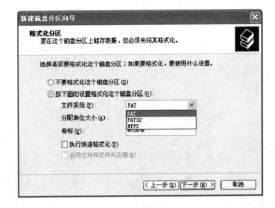

图 4-28　新建磁盘分区向导——选择分区大小　　图 4-29　新建磁盘分区向导——格式化分区

（5）建立扩展分区。在未指派空间上右击，建立扩展分区，单击"下一步"按钮后，出现扩展分区建立完成的界面。

（6）完成后，还要建立逻辑分区才可以使用。右击"可用空间"图标，选择"新建逻辑驱动器"选项，弹出"新建磁盘分区向导"对话框，直接单击"下一步"按钮进入"选择分区类型"对话框，选择"逻辑驱动器"单选按钮后，根据向导提示完成逻辑驱动器的创建。

（7）一个扩展分区中可以划分多个逻辑分区。完成分区任务后，若要删除分区，其顺序和建立的顺序相逆。

任务小结

（1）硬盘的格式化有两种类型：一种叫低级格式化，也称物理格式化，另一种是高级格式化，又称逻辑格式化。一般对硬盘的处理顺序是：低级格式化→分区→高级格式化。Disk Manager 是常用的低级格式化软件，也可对硬盘进行分区和高级格式化操作。

（2）硬盘分区是将硬盘划分为几个大小不同的区域，以便存储不同的数据，使它们互不干扰，其意义在于方便对硬盘空间进行管理，提高硬盘的使用效率。硬盘分区表有 MBR 分区表和 GPT 分区表两模式，两种模式间可实现相互转换。常见的分区格式有 FAT16、FAT32、NTFS 等，不同的分区格式其特点各不相同。采用 MBR 分区表模式的磁盘有三种分区类型，分别是主分区、扩展分区和逻辑分区。

（3）分区与管理。对磁盘进行分区的方法有很多，Disk Manager、Partition Magic 和 DiskGenius 三款软件都具有分区功能，其中 Partition Magic 和 DiskGenius 两款软件可实现硬盘动态分区和无损分区，可以在不损坏磁盘数据的情况下，任意改变、隐藏硬盘的分区，还能实现分区的拆分、合并、删除等功能；Windows 7 的磁盘管理功能也可以对硬盘分区进行管理。

任务 7 安装操作系统

任务描述

Windows 7、Windows 10 都是目前常用的 Windows 操作系统,那么如何完成 Windows 7 安装呢?当使用 Windows 7 操作系统时,是否有简单的办法将 Windows 7 操作系统升级至 Windows 10 系统操作呢?

任务清单

任务清单如表 4-2 所示。

表 4-2 安装操作系统——任务清单

任务目标	【素质目标】 通过学习国产操作系统"鸿蒙",激发学生的爱国情怀; 通过常用系统恢复工具的讲解,培养学生规范化操作的职业习惯。 【知识目标】 掌握硬盘低级格式化; 掌握硬盘高级格式化; 了解硬盘分区。 【能力目标】 能够使用 U 盘制作启动安装盘。
任务重难点	【重点】 掌握主流操作系统的安装; 掌握操作系统升级的方法。 【难点】 安装镜像文件的获取和安装介质的制作。
任务内容	1. 认识主流操作系统; 2. 安装 Windows 7 操作系统; 3. Windows 7 操作系统升级至 Windows 10 操作系统; 4. 操作系统的备份与恢复。
工具软件	每组提供一台计算机; 用户需求一份。
资源链接	微课、图例、PPT 课件、实训报告单。

任务实施

4.6　认识主流操作系统

操作系统(Operating System,简称 OS)是管理和控制计算机硬件与软件资源的计算机程序，也是直接运行在"裸机"上的最基本的系统软件，各种应用软件都必须在操作系统的支持下才能运行。操作系统是用户和计算机的接口，同时也是计算机硬件和软件的接口。操作系统的功能主要包括管理计算机系统的硬件、软件及数据资源，控制程序运行，提供人机交互界面，为其他应用软件提供支持，让计算机系统所有资源最大限度地发挥作用，为其他软件的开发提供必要的服务和相应的接口等。实际上，用户无须接触操作系统底层，便能管理计算机的硬件资源，同时按照应用程序的资源请求，进行资源分配，如划分 CPU 时间、开辟内存空间、调用打印机设备等。

计算机常见的操作系统有 DOS、OS/2、UNIX、XENIX、Linux、Windows、Netware 等，具有并发性、共享性、虚拟性和不确定性 4 个基本特征，目前主流的还是 Windows 系列操作系统。

Windows 系列操作系统是微软公司研制的图形化工作界面操作系统，俗称"视窗"。Windows 发展历程如下：

1983 年宣布研制；

1985 年和 1987 年分别推出 Windows 1.03 版和 Windows 2.0 版，以及随后的 Windows 3.1 等版本，但影响甚微；

1995 年推出 Windows 95 轰动业界；

1998 年 Windows 98 发行；

1999 年底 Windows 2000 发布；

2003 年 Windows（Server）2003/XP 发行；

2008 年 Windows Vista/2008 发行；

2009 年 Windows 7/2008R2 发行；

2012 年 Windows 8/2012 发行；

2013 年 Windows 8.1/2012R2 发行；

2015 年 Windows 10 发行。

4.7 安装 Windows 7 操作系统

不同的硬件配置，不同的使用要求等对操作系统的要求不同。选择操作系统时，既要考虑不同操作系统对硬件的要求，又要切合实际出发。下面以 Windows 7 为例介绍操作系统的安装方法。

1. 安装 Windows 7 操作系统前的准备工作

（1）准备一张系统安装光盘或 U 盘。

（2）找到并记录安装文件的安装序列号。

（3）将硬盘上的重要数据进行备份（若是新硬盘可省略此项）。

（4）准备好相关设备的驱动程序，包括主板、显卡、网卡、声卡等设备的驱动程序。

（5）确保光驱或 U 盘能够正确引导。

2．使用原始系统安装盘安装 Windows 7

（1）使用该系统盘启动计算机，如图 4-30 所示，单击"现在安装"按钮。

（2）在是否同意软件许可协议这步，选择"接受许可"，单击"下一步"按钮继续安装。

（3）选择安装类型，如图 4-31 所示。如果系统崩溃需重装系统，则单击"自定义（高级）"按钮；如果想从 Windows XP、Vista 升级为 Windows 7，则单击"升级"按钮。

图 4-30　安装程序

图 4-31　选择安装类型

（4）出现如图 4-32 所示的窗口，询问将 Windows 7 安装到何处，用上、下方向键选择合适的分区，单击"下一步"按钮。注意：选择前务必确定要安装系统的盘（分区）没有重要数据，若存在重要数据，应进行数据备份，以防数据丢失。

（5）系统安装正式启动，如图 4-33 所示，此过程会自动重启计算机，重启后继续安装。此时无须做任何操作，系统会自动完成。安装完成后，可看到 Windows 7 操作系统的启动画面，安装程序检查系统配置、性能，该过程将会持续 10 分钟左右。

图 4-32　选择分区

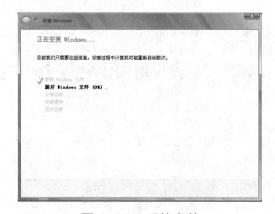

图 4-33　系统安装

（6）重启后，设置语言和其他选项如图 4-34 所示，单击"下一步"按钮。输入用户名和计算机名称，如图 4-35 所示，单击"下一步"按钮。

（7）在如图 4-36 所示的窗口中设置账户密码，单击"下一步"按钮。在弹出的窗口中输入产品密钥（不输密钥，只能试用 30 天），单击"下一步"按钮，如图 4-36 所示。

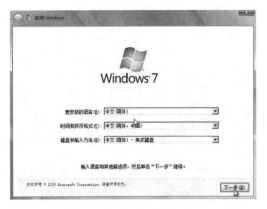

图 4-34 语言和其他选项

图 4-35 输入用户名和计算机名

图 4-36 设置账户密码

图 4-37 输入产品密钥

（8）在窗口中设置区域和时间如图 4-38 所示。时区选择"(UTC+08:00)北京，重庆，香港特别行政区，乌鲁木齐"选项，手动调节当前时间。单击"下一步"按钮，系统重新启动，第一次进入系统桌面，手动对系统做简单设置，如系统分辨率、网络等。设置完成上述几步后，即可看到 Windows 7 系统的界面，如图 4-39 所示，Windows 7 安装完成。

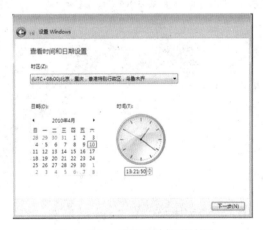

图 4-38 设置区域和时间

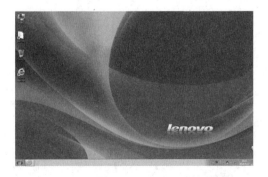

图 4-39 Windows 7 系统界面

4.8 Windows 7 操作系统升级至 Windows 10 操作系统

自从推出 Windows 10 操作系统之后，很多使用 Windows 7 操作系统的用户都想升级至

Windows 10 操作系统，想要安装 Windows 10 操作系统但又不想安装双系统，那么 Windows 7 能否直接升级到 Windows 10 呢？这里告诉大家是可以的，下面就来介绍 Windows 7 操作系统如何升级 Windows 10 操作系统的方法。

（1）下载并打开官方升级工具"易升"，单击微软软件许可条款的"接受"按钮，如图 4-40 所示。升级工具检测计算机环境是否正常，检测完成后会单击"下一步"按钮，开始下载 Windows 10 操作系统，如图 4-41 所示。

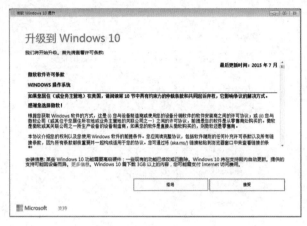

图 4-40　软件许可条款

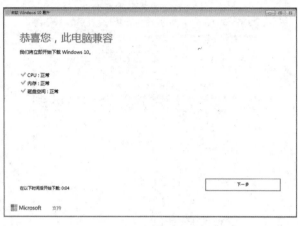

图 4-41　检测电脑环境

（2）通过官方工具升级 Windows 10 操作系统会保留原来系统的数据及用户文件，下载完成后会验证下载的数据是否正确，验证无误后进行数据下载，如图 4-42 所示。启动 Windows 10 升级程序，为确保能正确升级 Windows 10 操作系统，升级程序会对计算机硬件再次进行检测，检测无误后开始进行安装过程，如图 4-43 所示。

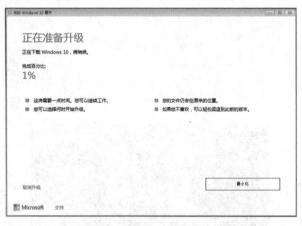

图 4-42　数据下载

图 4-43　硬件检测

（3）以上步骤完成后，系统会提示用户重启电脑完成升级操作，升级准备就绪，如图 4-44 所示。升级更新过程计算机将会多次重启或闪屏，该过程属于正常现象，耐心等待即可，如图 4-45 所示。

（4）更新过程完成后进入系统设置界面，对升级后的 Windows 10 操作系统进行简单的设置，这里单击"自定义"或"使用快速设置"按钮，如图 4-46 所示。设置完成后出现开机欢迎界面，如图 4-47 所示。

图 4-44　升级准备就绪

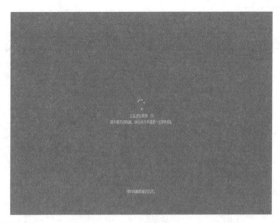

图 4-45　升级更新过程

图 4-46　系统设置

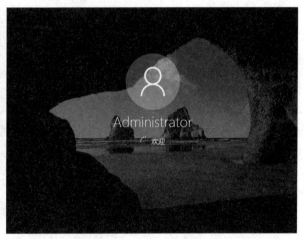

图 4-47　开机欢迎界面

4.9　操作系统的备份与恢复

1. Windows 7 操作系统备份与还原方法

系统还原可以帮助用户将计算机的系统文件及时还原到早期的还原点。此方法可以在不影响个人文件的情况下，撤销对计算机所进行的系统更改。

当安装好 Windows 7 操作系统后，就应该及时为系统创建一个系统还原点，以便将 Windows 7 操作系统的"干净"运行状态保存下来。

当安装了所需的软件后，如办公软件、压缩软件、媒体播放软件等，用 Windows 7 自带磁盘清理和碎片整理功能对系统分区做必要的清理和碎片整理，对系统进行全面的个性设置。这时我们应再次为系统创建一个系统还原点，这样当还原系统时可以还原到最佳状态。

（1）如何创建还原点。

右击 Windows 7 在弹出的窗口中，操作系统桌面上的"计算机"图标，在弹出的快捷菜单中单击"属性"命令。单击系统属性"设置"窗口中的"系统保护"按钮，如图4-48所示。

图4-48　控制面板主页

打开"系统属性"对话框，单击"系统保护"选项卡，选中 Windows 7 操作系统所在的磁盘分区选项，单击"配置"按钮，如图4-49所示。

进入"系统保护本地磁盘"对话框，由于当前设置仅想对 Windows 7 操作系统的安装分区进行还原操作，因此应选中"还原系统设置和以前版本的文件"单选按钮，再单击"确定"按钮返回"系统属性"对话框，如图4-50所示。

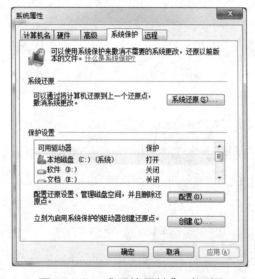

图4-49　"系统属性"对话框

图4-50　"系统保护本地磁盘"对话框

单击"创建"按钮，在弹出的"系统保护"对话框中输入识别还原点的描述信息，系统会自动添加当前日期和时间，单击"创建"按钮即可成功创建系统还原点。

（2）系统还原。

当系统遇到错误不能正常运行时，打开"系统属性"对话框，单击"系统保护"选项卡。单击"系统还原"选区中的"系统还原"按钮，如图 4-51 所示。

根据需要在"系统还原"对话框中，选择已创建的系统还原点，即可完成系统恢复，如图 4-52 所示。

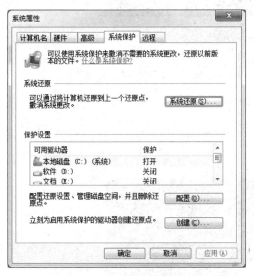

图 4-51 单击"系统还原"按钮

图 4-52 选择还原点

2. 使用 Ghost 软件对系统分区备份和恢复

Ghost 软件是一款硬盘复制工具，支持 FAT16、FAT32、NTFS 等多种分区格式硬盘的备份与还原，也称克隆软件。

（1）使用光盘引导启动计算机，选择执行 Ghost 软件。Ghost 软件启动主界面，如图 4-53 所示。

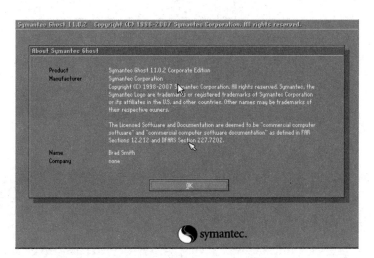

图 4-53 Ghost 启动主界面

（2）选择 Partition To Image（把分区内容备份成映像文件）操作方式，弹出"选择源驱动器（source drive）"对话框，如图 4-54 所示，选择 Drive1 驱动器后单击"OK"按钮，注意磁盘容量，这是防止误选择的第一道关口。

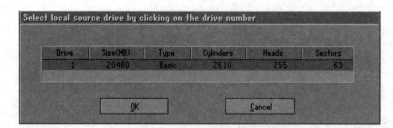

图 4-54 选择源驱动器

（3）选择源分区（source partition），观察图中 Part1 类型为 Primary 主分区，Description 描述为 NTFS 分区格式，Volume Label 卷标为空，Data Size in MB 分区大小为 14307 MB 约 14 GB，Data Size in MB 有效数据为 2739 MB。选定分区 1 为源分区后单击"OK"按钮，如图 4-55 所示。

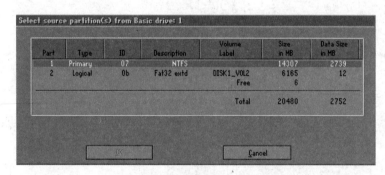

图 4-55 选择源驱动器里的第 1 分区，即系统分区

（4）选择镜像文件存放目标盘，单击"Look in"下拉菜单，选择存放分区，单击"C：1.2:[DISK1_VOL2]FAT drive"选项，在下方文本框中输入文件名"backup"，单击"Save"按钮即可开始克隆，如图 4-56 所示。此处必须强调"C：1.2:[DISK1_VOL2]FAT drive"选项所表达的含义。在 Ghost 中，不能以盘符作为判断目标盘的依据，因为 Ghost 可以对 NTFS 分区操作，而 DOS 下 NTFS 分区是没有盘符的，所以 DOS 认为系统的 C 盘是第一个 FAT32 分区，即当前硬盘中 D 盘。因此，若以盘符判断操作的源和目标是错误的。正确的做法是看"C："后面的"1.2"，它表示第 1 个磁盘的第 2 个分区，假如我们有两块硬盘，那第 2 块硬盘的第 1 个分区将表示为"2.1"，这是在操作时避免失误的第二道关口。

（5）在弹出的"Compress Image"对话框中，单击"High"按钮，如图 4-57 所示。因为当今 CPU 速度越来越快，此选项虽然增加了备份时间，但换来了更高的压缩率和较小的镜像文件体积。

（6）弹出警示框，警示是否开始分区到镜像的创建操作，如图 4-58 所示，单击"Yes"按钮，开始执行操作过程。在执行过程中可以详细地观察图中各个数据所代表的含义，如Percent complete 代表完成百分比，Time elapsed 代表已用时间，Time remaining 代表剩余时间，Source Partition 代表源分区，Destination file 代表目标分区，Current file 代表当前文件等，如图 4-59 所示。

计算机组装与维护（第 5 版）

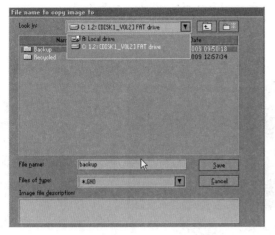

图 4-56　选择目标文件存放存位置及文件名

图 4-57　是否压缩镜像文件

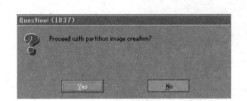

图 4-58　警示是否开始分区到镜像的创建操作

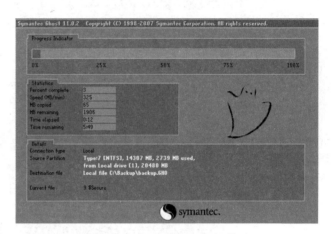

图 4-59　开始执行操作

（7）对文件镜像进行恢复操作，启动 Ghost11 步骤与前面相同，进入界面后选择"Partition From Image"（从备份的映像文件克隆到分区）方式，选择镜像文件所在分区并选中文件，即可开始恢复。此时观察驱动器下拉列表，发现"1.1"驱动器并没有盘符，因为它是 NTFS 文件系统，"1.2"驱动器是 FAT32 系统，因此盘符被 DOS 分配给了 C 盘，所以应从"1.2"驱动器中寻找"backup.GHO"文件，如图 4-60 所示。

图 4-60　选择镜像文件存放的分区

（8）从镜像文件中选择源分区（Select source partition from image file），此时可以看到镜像文件中备份的只有一个分区，若前一步备份的是整个磁盘，则会看到至少一个以上的分区，这时可以选择从哪个分区进行恢复，然后单击"OK"按钮，如图4-61所示。

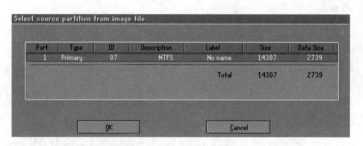

图4-61　选择镜像文件内要恢复的分区

（9）选择目标驱动器（destination drive）的目标分区（destination partition）如图4-62、图4-63所示，图中红色分区2表示不可对其操作，因为镜像文件存储在该分区选择"分区1"选项，单击"OK"按钮即可。

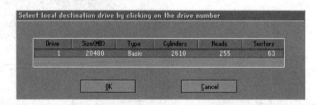

图4-62　选择目标驱动器

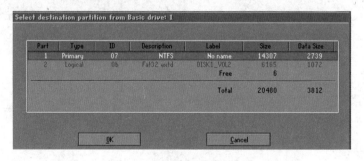

图4-63　选择目标分区

（10）最后确认是否进行分区恢复（Partition restore）操作，目标分区将会被永久覆盖，如图4-64所示，此时必须确认操作步骤，尤其是目标分区选择是否有误，还有目标分区内是否存在有用数据，否则被覆盖以后，通常的数据恢复软件都无法将其恢复。确认后单击"Yes"按钮即可开始分区恢复。当克隆操作成功完成（Clone Completed Successfully），即可重新启动计算机（Reset Computer）。

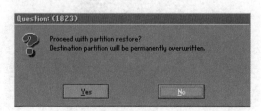

图4-64　最后确认是否进行分区恢复操作

任务小结

1. 操作系统是用户和计算机的接口，同时也是计算机硬件和其他软件的接口。操作系统的功能包括管理计算机系统的硬件、软件及数据资源，控制程序运行，提供人机交互界面，为其他应用软件提供支持。

2. Windows 7 操作系统的安装方法，介绍了 Windows 7 操作系统升级到 Windows 10 操作系统的方法，而且在升级过程中不需要对磁盘数据进行备份，升级过程中保留原始系统文件。

3. 利用 Windows 7 操作系统的自身组件"系统还原"，实现对系统和一些应用程序文件的备份与还原，创建还原点并使用还原点修复。

4. Ghost 支持 FAT16、FAT32、NTFS 等多种分区格式硬盘的备份与还原，具有如下功能：磁盘对磁盘拷贝（Disk To Disk）、把磁盘上的所有内容备份成映像文件（Disk To Image）、从备份的映像文件复原到磁盘（Disk From Image）、分区对分区拷贝（Partition To Partition）、把分区内容备份成映像文件（Partition To Image）、从备份的映像文件克隆到分区（Partition From Image）。

5. 使用 Ghost 软件对系统分区进行备份操作步骤：使用光盘引导启动计算机并运行 Ghost 软件→选择把分区内容备份成映像文件操作方式→选择源分区→选择镜像文件存放目标盘→选择是否高压缩镜像文件→生成镜像文件。

6. 使用 Ghost 软件恢复系统分区操作步骤：使用光盘引导启动计算机并运行 Ghost 软件→选择从备份的映像文件克隆到分区操作方式→选择源分区→选择目标驱动器的目标分区→恢复分区。

任务 ⑧ 安装驱动程序

任务描述

理解驱动程序的含义，学会正确地安装、备份、还原和卸载驱动程序，掌握如何在 Windows 10 操作系统中查看设备状态。

任务清单

任务清单如表 4-3 所示。

表 4-3　安装驱动程序——任务清单

任务目标	【素质目标】 通过查看设备和驱动信息，培养学生规范化操作的职业习惯。 通过 Windows 10 系统更新驱动练习，培养学生良好的责任意识。 【知识目标】 掌握安装驱动程序的方法； 了解更新设备驱动的方法。 【能力目标】 能够独立正确安装设备驱动程序。
任务重难点	【重点】 掌握安装驱动程序的方法； 掌握如何查看设备和驱动信息。 【难点】 常用更新驱动的方法。
任务内容	1．驱动程序的相关概念； 2．安装驱动程序； 3．驱动程序的备份与还原； 4．在 Windows 10 操作系统中查看驱动程序。
工具软件	实训 PC（需要安装好 Windows 10 系统）； 常用软件； 用户需求一份。
资源链接	微课、图例、PPT 课件、实训报告单。

4.10　驱动程序简介

1．什么是驱动程序

驱动程序是添加到操作系统中的一段代码，其中包含有关硬件设备的信息，有了此信息，计算机就可以与设备进行通信。操作系统不同，硬件的驱动程序也不同，各个硬件厂商为了保证硬件的兼容性及增强硬件的功能，会不断升级驱动程序。驱动程序可以看作硬件的一部分，当安装新硬件时，操作系统就会要求安装驱动程序，以此将新硬件与操作系统连接起来。驱动程序扮演沟通角色，把硬件的功能告诉计算机系统，并且也将操作系统的指令传达给硬件，让它开始工作。

2．驱动程序的作用

驱动程序的作用是对 BIOS 不能支持的各种硬件设备进行解释，使计算机能够识别这些硬件设备，从而保证它们的正常运行。

从理论上讲，所有硬件设备都需要安装相应的驱动程序才能正常工作，但像 CPU、内存、主板、软驱、键盘、显示器等设备，不需要安装驱动程序也可以正常工作，这是由于这些硬件对于一台个人计算机来说是必需的，所以早期的设计人员将这些硬件列为 BIOS 能直接支持的硬件，因此，上述硬件安装后即可被 BIOS 和操作系统直接支持，不再需要安装驱动程序，但是对于其他的硬件。例如，网卡、声卡、显卡等都必须安装相应的驱动程序，否则这些硬件无法正常工作。

3. 哪些情况下需要安装驱动程序

（1）新增或更换硬件设备。为保证新增的硬件设备正常运行，需要安装相应的驱动程序。

（2）安装操作系统。虽然操作系统在安装过程中能识别许多的设备，但也有部分设备不能被识别，因此最好安装随机提供的驱动程序或到网络上对驱动程序进行下载安装。

（3）设备出现故障。某个设备出现故障，如声卡不出声、网卡无法连接、显示分辨率超过显示器的范围出现花屏等，一般需要先删除该设备的驱动程序，然后重新安装驱动程序。

4. 驱动程序的类型、来源

安装前的驱动程序有 EXE（可执行文件）格式，也有 INF 格式。安装后的驱动程序有 SYS（系统文件）、DLL（动态链接文件）、VXD（虚拟设备驱动程序）、DRV（设备驱动程序）、INF（系统信息文件）等格式，但是 Windows 操作系统的驱动大多在 INF 文件夹内，这个文件夹是隐藏的。

Windows 7 操作系统支持即插即用 PnP，即操作系统本身自动检测硬件设备，并且从自带的驱动程序中为其安装驱动程序，若不能识别，就需要使用生产商提供的随机驱动程序，或者通过 Internet 找到相应的驱动程序进行下载与安装。

4.11 安装驱动程序

1. 驱动程序的安装顺序

安装驱动程序的顺序也十分重要，这不仅与系统正常稳定运行有很大关系，而且对系统的性能有影响。在日常使用中因为安装驱动程序的顺序不同，可能造成系统程序不稳定，经常出现错误的现象，无故重新启动计算机甚至黑屏死机的情况并不少见。

（1）安装操作系统后，应该安装操作系统的 Service Pack（SP）补丁。因为驱动程序直接面对操作系统与硬件，所以应该通过 SP 补丁解决操作系统的兼容性问题，这样才能尽量确保操作系统和驱动程序的无缝结合。

（2）安装主板驱动。主板驱动主要用来开启主板芯片组内置功能及特性，主板驱动里一般是主板识别和管理硬盘的 IDE 驱动程序或补丁，比如 Intel 芯片组的 INF 驱动和 VIA 的 4 in 1 补丁等。如果还包含 AGP 补丁，则应确保安装完 IDE 驱动后再安装 AGP 补丁，这一步很重要，也是造成很多系统不稳定的直接原因。

（3）安装 DirectX 驱动。一般推荐安装最新版本，DirectX 是微软嵌在操作系统上的应用程序接口（API），DirectX 由显示部分、声音部分、输入部分和网络部分 4 部分组成。DirectX 改善的不仅是显示部分，其声音部分（DirectSound）也可以带来更好的声效；输入部分（Direct Input）可以支持更多的游戏输入设备，对这些设备的识别与驱动更加精准，充分发挥设备的最佳状态和全部功能；网络部分（DirectPlay）可以增强计算机的网络连接，提供更多的连接方式。

（4）安装显卡、声卡、网卡和调制解调器等插在主板上的板卡类驱动。

（5）最后安装打印机、扫描仪、手写板等外设驱动。

其中，有很多设备驱动程序安装完后，要重新启动计算机才能进行下一个驱动的安装，这样的安装能使系统文件合理搭配，充分发挥系统的整体性能。

另外，显示器、键盘和鼠标等设备也是有专门的驱动程序，特别是一些品牌比较好的产品，虽然不需要安装驱动程序也可以被系统正确识别并使用，但是安装驱动程序后，能增加一些额外的功能并提高稳定性和性能。

2. 驱动程序的安装方法

（1）系统检测自动安装。系统一般支持即插即用功能，常见的是在新系统安装过程中，会看到发现新设备，弹出"硬件更新向导"对话框，并自动安装该设备的驱动。如果系统不能识别该设备，可以用下述方法进行安装。

（2）通过随机光盘进行安装。有些生产商自带随机驱动程序，安装时可分为两种情况。一种是放入光盘后，系统发现新硬件并弹出"硬件更新向导"对话框，按照向导提示进行操作，出现"硬件更新向导"对话框如图 4-65 所示。指定为 CD-ROM 驱动器后，系统自动搜寻并安装。另一种是放入光盘后，该硬件的驱动程序带有如 Install.exe 或 Setup.exe 之类的自动安装程序，只需要通过双击该文件即会出现安装界面，如图 4-66 所示，然后单击相应按钮即可，这里需要注意安装顺序。

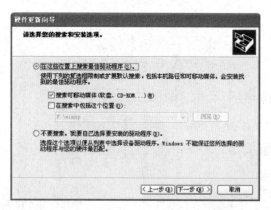

图 4-65　"硬件更新向导"对话框

图 4-66　安装方正电脑驱动

（3）手动安装。有时系统并未发现新硬件，或发现新硬件不能识别，在不拆开计算机主机的情况下可以借助几款软件来实现。硬件检测软件 AIDA64，如图 4-67 所示。该软件是一款绿色软件，包含相应的硬件详细信息和驱动的名称及驱动网址。驱动精灵可安装很多硬件驱动，如图 4-68 所示。驱动精灵的驱动备份技术可完美实现驱动程序备份，不仅可以找到驱动程序，还能提供操作系统所需的补丁包。

图 4-67 AIDA64

图 4-68 驱动精灵

4.12 驱动程序的备份与还原

驱动程序的备份不是指对原有的驱动盘进行备份,而是直接从操作系统里提取已经安装好的驱动程序进行备份。备份驱动程序的好处是在重装系统后能够快速使系统恢复原有功能。当然,这个备份也仅仅是对基本驱动程序进行备份,不包含驱动程序的附加功能。下面就以驱动精灵为例,介绍驱动程序的备份与还原。

1. 驱动程序的备份

驱动精灵能方便地完成系统驱动的备份和还原操作。首先,单击驱动精灵程序中"驱动程序→备份还原"菜单。然后,勾选所需要备份驱动程序的硬件名称,选择需要备份的硬盘路径。单击"一键备份"按钮,即可完成驱动程序的备份工作,如图 4-69 所示。

图 4-69 使用驱动精灵备份驱动程序

2. 驱动程序的还原

还原驱动程序与备份驱动一样简单。首先,单击驱动精灵程序中"驱动程序→备份还原"菜单,选择文件路径,找到备份驱动程序,然后勾选所需要还原驱动程序的硬件名称。

单击"还原"按钮，即可还原驱动程序，如图 4-70 所示。

图 4-70　使用驱动精灵还原驱动程序

3．驱动程序的卸载

对于因错误安装或其他原因导致的驱动程序残留，可以使用驱动程序卸载功能卸载驱动程序。首先，单击"驱动程序→驱动微调"选项，然后勾选硬件名称，单击"卸载驱动"按钮，即可完成卸载工作，如图 4-71 所示。

使用驱动精灵的"驱动微调"功能，不仅可以实现驱动程序的卸载功能，也能实现驱动程序的更新功能。根据检测驱动版本，选择进行更新操作。

图 4-71　使用驱动精灵卸载驱动程序

4.13　在 Windows 10 操作系统中查看设备状态

1．查看驱动程序

当操作系统安装完成后，可以打开设备管理器来查看所有计算机设备是否安装完毕。

具体方法是：右击桌面上的"计算机"图标，在弹出的快捷菜单中单击"属性"命令，打开"系统"窗口，单击"设备管理器"按钮，打开"设备管理器"窗口，如图 4-72 所示。

例如，要查看网卡设备驱动程序，单击网络适配器左侧的▷号，展开子菜单，看到网卡型号，右击"Bluetooth Device(Persondl Area Ntework)选项"，在弹出的快捷菜单中选择"属性"命令，即可打开"Bluetooth Device(Persondl Area Ntework)属性"对话框，如图 4-73 所示。在这里可以查看设备状态、驱动程序的提供商、驱动程序日期、驱动程序的版本等信息。

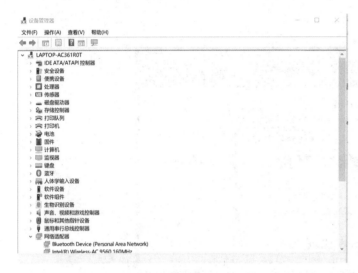

图 4-72　打开"设备管理器"窗口

图 4-73　打开"Bluetooth Device (Personal AreaNetwork)"对话框

（2）更新或卸载驱动程序。在"设备管理器"窗口中选择要卸载的驱动程序，右击，在弹出的快捷菜单中单击"属性→驱动程序"选项，出现如图 4-74 所示窗口选择相应操作按钮即可完成。

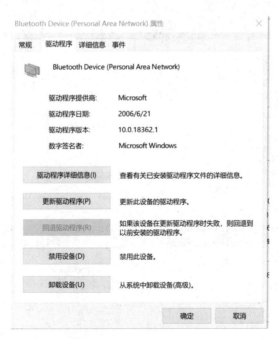

图 4-74　卸载驱动程序

模块 4　软件安装与调试

4.14 制作启动 U 盘

随着主板对 U 盘启动功能的不断支持及改进，以及 U 盘自身的小巧便携、便于数据更新等优势，使用 U 盘启动并安装系统逐步成为计算机维修人员的首选。目前，制作 U 盘启动软件很多，下面以"一键工作室"的"一键 U 盘装系统"为例讲解制作过程。

（1）安装软件，将 U 盘插入计算机，运行软件，软件会自动选择所插 U 盘，单击"一键制作 USB 启动盘"按钮，如图 4-75 所示。

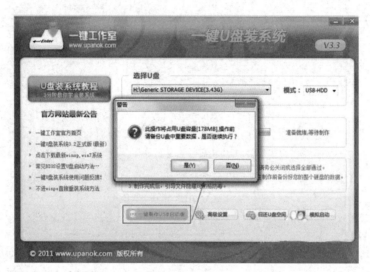

图 4-75　"一键 U 盘装系统"窗口

（2）在弹出的"警告"对话框中单击"是"按钮，接下来，会弹出"提示"对话框提示制作成功，如图 4-76 所示，制作完成。

图 4-76　启动 U 盘制作成功

任务小结

1. 介绍了驱动程序的含义及其作用，驱动程序的类型、来源以及驱动程序的安装顺序与安装方法。

2．掌握在 Windows 10 操作系统中如何查看驱动程序和卸载驱动程序。

3．驱动程序的备份与还原，以驱动精灵为例，介绍驱动程序的备份、驱动程序的还原、驱动程序的卸载方法。

4．利用"一键 U 盘装系统"制作启动 U 盘。

达标检测 4

一、填空题

1．硬盘物理扇区是指用＿＿＿＿、＿＿＿＿、＿＿＿＿3 个参数来表示硬盘的某一区域，用这种方法标识的磁盘扇区我们称为物理扇区。

2．＿＿＿＿是硬盘进行数据存储的最小单位，＿＿＿＿是操作系统进行文件数据读写操作的最小单位。

3．硬盘的格式化有两种类型：一种是＿＿＿＿＿＿＿；另一种是＿＿＿＿＿＿＿。一般对硬盘的处理顺序是：＿＿＿＿＿＿＿＿＿＿＿＿＿＿＿。

4．硬盘分区表有＿＿＿＿分区表和＿＿＿＿分区表两种模式。

5．采用 MBR 分区表模式的磁盘有三种分区类型，它们是＿＿＿、＿＿＿＿和＿＿＿。一个硬盘主分区至少有＿＿个，最多＿＿个，扩展分区可以没有，最多＿＿个，且主分区＋扩展分区总共不能超过＿＿＿个，逻辑分区可以有若干个。

6．硬盘的容量等于＿＿＿＿＿＿＿的容量与＿＿＿＿＿＿＿容量的和；扩展分区的容量等于各个＿＿＿＿＿＿的容量之和。

7．硬盘常用的分区格式有＿＿＿＿＿、＿＿＿＿＿和＿＿＿＿＿。

8．驱动程序的备份不是指对原有的驱动盘进行备份，而是直接从＿＿＿＿＿＿里提取已经安装好的驱动程序进行备份。

9．＿＿＿＿＿＿可帮助您将计算机的系统文件及时还原到早期的还原点。此方法可以在不影响个人文件的情况下，撤销对计算机所进行的系统更改。

10．Ghost 支持多种分区格式硬盘的备份与还原，具有如下功能：磁盘对磁盘拷贝、把磁盘上的所有内容备份成映像文件、从备份的映像文件复原到磁盘，分区对分区拷贝、＿＿＿＿＿＿＿＿＿＿＿＿＿、＿＿＿＿＿＿＿＿＿＿＿＿＿。

11．驱动程序的作用是＿＿＿＿＿＿＿＿＿＿＿＿＿＿＿＿＿＿＿＿，使计算机能够识别这些硬件设备，从而保证它们的正常运行。

12．安装完操作系统后，首先应安装＿＿＿＿＿＿＿＿＿，以确保操作系统和驱动程序的无缝结合。

二、综合应用

1．熟练运用 DiskGenius 软件对硬盘进行分区及分区表模式转换等操作。

2．使用 Partition Magic 软件对分区进行调整、合并等操作。

3．安装 Windows 7 操作系统，仔细观察其安装过程。

4．练习 Windows 7 操作系统升级至 Windows 10 操作系统操作方法。

5．使用驱动精灵软件完成驱动程序备份操作。

6．根据所学知识使用 Ghost 软件对系统分区进行备份操作。

7．熟练驱动程序的安装与卸载。

模块 5

数据安全存储与恢复

任务⑨ 恢复硬盘数据

任务描述

　　每台计算机中都会有各种各样的重要数据文件或商业机密信息，保存在计算机上的数据存在不少安全隐患，比如人员误操作和互联网带来的病毒威胁、黑客入侵等可能造成数据被破坏或丢失等。在某些情况下，如果处理得当数据是可以恢复的，比如数据被删除、分区被格式化、重新进行分区等操作。

任务清单

任务清单如表 5-1 所示。

表 5-1　恢复硬盘数据——任务清单

任务目标	【素质目标】
	通过硬盘误删除数据的恢复练习，培养学生规范化操作的职业习惯；
	通过判断硬盘数据丢失的故障类型练习，培养学生问题逻辑分析习惯的职业素养。
	【知识目标】
	掌握硬盘误删除数据恢复方法；
	掌握硬盘误格式化数据恢复方法；
	掌握硬盘误分区数据恢复方法。
	【能力目标】
	能够判断硬盘数据丢失的故障类型。
任务重难点	【重点】
	掌握硬盘数据恢复的层次和处理方法；
	掌握硬盘数据丢失的故障类型。
	【难点】
	硬盘软故障的数据恢复原理。

任务内容	1. 硬盘数据丢失的故障类型； 2. 硬盘数据恢复的层次和处理方法； 3. 硬盘软故障的数据恢复原理； 4. 硬盘误删除数据恢复； 5. 硬盘误格式化数据恢复； 6. 硬盘误分区数据恢复。
工具软件	实训 PC； 常用数据恢复软件； 用户需求一份。
资源链接	微课、图例、PPT 课件、实训报告单。

任务实施

5.1 硬盘数据恢复概述

1. 硬盘数据丢失的故障类型

硬盘数据丢失具有两种类型：软件类型故障和硬件类型故障。

（1）软件类型故障。

软件类型故障主要有受病毒感染、误格式化或误分区、误克隆、误删除或覆盖、黑客软件的数据破坏、物理零磁道或逻辑零磁道损坏、硬盘逻辑锁、操作时断电、意外电磁干扰造成数据丢失或破坏、系统错误或瘫痪造成文件丢失或破坏等。

软件类型故障现象一般表现为操作系统丢失、无法正常启动系统、磁盘读写错误、找不到所需要的文件、文件打不开、文件打开后乱码、硬盘没有分区、提示某个硬盘分区没有格式化等。

（2）硬件类型故障。

硬件类型故障主要有盘片划伤、磁头变形、磁臂断裂、磁头芯片损坏、主轴电机烧毁、硬盘电路板或其他元器件损坏、硬盘固件区错误、硬盘有坏道等。

硬件故障一般表现为系统无法识别硬盘，常有一种"咔嚓咔嚓"的磁组撞击声或电机不转、通电后无任何声音、磁头定位不准造成读写错误等现象。一些具体的表现如下：

- 开机时，系统没有找到硬盘，同时也没有任何错误提示。注意：有的主板在硬盘出现故障时会给出相应的提示信息和提示代码。在排除硬盘的供电正常，电源线连接无误，数据线安装正确，数据线没有质量问题后，也就可以确定是硬盘损坏。
- 系统启动时间特别长，或读取某个文件，运行某个软件时经常出错，或者要经过很长时间才能操作成功，其间硬盘不断读盘并发出刺耳的杂音，这种现象意味着硬盘的盘片或硬盘的定位机构出现问题。
- 经常出现系统瘫痪或者死机蓝屏，但是硬盘重新格式化后，再次安装系统一切正常。这种情况是因为硬盘的磁头芯片和数据纠错电路性能不稳定，造成数据经常丢失。

- 开机时系统不能通过硬盘引导，光盘启动后可以转到硬盘盘符但无法进入，用 SYS 命令传导系统也不能成功。这种情况比较严重，因为很有可能是硬盘的引导扇区出了问题。或者是无法重新分区，也可能是重新分区后的信息无法写入主引导扇区。
- 一直能够正常使用，但有时硬盘在正常使用过程中出现异响，系统无法识别到硬盘。但在停机一段时间后，再次开机时系统能识别硬盘，并且能够正常启动系统。当出现这种情况时，如果硬盘上有重要数据，应尽快将数据备份出来，防止硬盘彻底报废时丢失重要数据。

2. 什么是硬盘数据恢复

硬盘数据恢复就是将硬件故障导致不可访问，或由于病毒、误操作、意外事故等各种原因导致的丢失的数据还原成正常的数据，即恢复数据。

数据恢复不仅是对文件的恢复，还可以恢复硬盘的数据结构，也可以恢复不同的操作系统，恢复不同移动数码存储卡上的数据。

3. 硬盘数据恢复的层次和处理方法

由于硬盘数据丢失的原因有软件故障和硬件故障两种类型，每种故障类型又有不同的表现形式，所以硬盘的数据恢复就存在不同的层次和处理方法。根据数据恢复的困难程度可分为以下几种类型：

（1）完全低级格式化后的数据恢复。

这是硬盘数据恢复最难的一个层次，硬盘完全低级格式化后，硬盘所有扇区中的数据将全部清零，此时想恢复数据将会变得困难。

（2）主轴电机损坏的数据恢复。

这也是硬盘数据恢复中较难的一个层次。首先打开硬盘需要无尘空间，由于盘片固定在主轴电机上，在主轴电机的带动下高速旋转，这就要求盘片在固定主轴电机上时需要保持高度的平衡，这也是生产硬盘时一道严格的生产工序。举例来说，固定盘片的螺丝的重量和位置都有严格的限制，并且在固定盘片时，也很容易损坏盘片上的数据。一般对这类损坏的数据恢复需要把硬盘拆开，把盘片放进专用的数据恢复仪器中，如图 5-1 所示，通过激光束对盘片表面进行扫描。因为盘面上的磁信号其实是数字信号（0 和 1），所以，相应地反映到激光束发射的信号上也不同。这些仪器就是通过扫描，将整个硬盘的原始信号记录在仪器附带的计算机中，然后再通过专门的软件分析进行数据恢复。如果盘片严重受损，也可以通过大量的运算，结合其他相关扇区的数据信息，进行逻辑校验，从而找出逻辑上最符合的数值。

（3）磁头组件损坏的数据恢复

这类损坏的数据恢复比上一种要容易一些，但需要在无尘空间内更换磁头组件，并且要有一定的经验和技巧，目前我国有不少企业或公司能够开展这项业务。

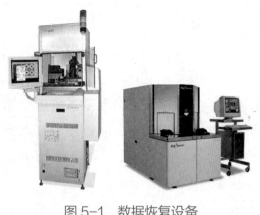

图5-1　数据恢复设备

（4）软故障的数据恢复

这类损坏的数据恢复比上一种要更容易一些，但要在了解硬盘的数据存储原理的基础上，通过一些专业的工具软件来恢复数据，本书将重点讲解硬盘误删除数据、误格式化、误分区三种数据恢复方法。

（5）硬盘固件区损坏和电路板损坏的数据恢复。

这类损坏的数据恢复是最容易的，无论是硬盘固件区损坏还是电路板损坏，硬盘的数据结构并没有遭到破坏，重新刷写固件区并修好电路板后即可解决问题。

4. 硬盘软故障的数据恢复原理

硬盘每个扇区的数据都是通过一定的校验公式来保障数据的完整性和准确性的。校验公式一般为 CRC 校验和 ECC 校验。扇区的伺服信息采用的是 CRC 校验，而扇区的数据信息采用的是 ECC 校验。它是根据每个扇区内数据信息和伺服扇区的不同，根据校验公式产生唯一的校验值，每个扇区的校验值都不相同。数据恢复正是利用该原理，通过数据恢复软件的逆向运算，在某一方面的信息因错误操作而丢失或者被改变的情况下，仍然可以根据其余的原始信息，把数据尽可能完整地还原出来。

在实际操作中，删除文件、重新分区、高级格式化、快速低格、重整硬盘缺陷列表等，都不会把数据从硬盘扇区中实际抹去。删除文件只是把文件的地址信息从文件分配表和根目录表中抹去，而文件的数据本身还是在原来的扇区中，除非拷贝新的数据覆盖那些扇区；重新分区只是对硬盘的分区表有所改动，硬盘中的数据并没有破坏；高级格式化只是重新创建新的文件分配表和根目录表，同样也不会清除原来扇区中的数据；快速低格只是用 DM 软件快速重写盘面、磁头、柱面、扇区等初始化信息，仍然不会把数据从原来的扇区中抹去。重整硬盘缺陷列表也只不过是把新的缺陷扇区加入 G 列表或者 P 列表中，对于那些没有储存在缺陷扇区中的数据并没有实质性影响。数据恢复软件同样也是利用该原理，通过一定的运算方法把数据恢复出来。

5. 防止数据丢失的注意事项

（1）定期使用 Windows 自带的磁盘整理工具 Defrag 或其他如 Vopt、Norton Speed 等磁盘碎片整理优化工具进行整理硬盘数据，可以提高硬盘访问速度。即使发生故障，也可提高数据文件恢复概率。

（2）硬盘是机电一体化的高度精密设备，尽管现在硬盘抗冲击能力大幅提高，但为了安全和保险起见应该将硬盘轻拿轻放；在主机内安装时，硬盘的 4 个固定位都应该使用螺丝固定牢靠。开机后不能移动主机，关机 1 分钟硬盘马达停转后，方可进行搬动，这也是原来的小硬盘专门有一个磁头归位程序提供搬运机器时使用的原因。硬盘指示灯正在闪亮时不可断电关机，否则可能会导致硬盘损坏。

（3）正常硬盘运行时噪声很小，硬盘读盘时会有均匀的"嗒嗒"声。若硬盘运行时声响较大或不正常，这基本是硬盘故障的前兆，此时应及时备份重要数据防止出现重要数据丢失。

（4）使用 Ghost 作恢复分区时，一定要选对目标分区，否则可能导致分区丢失或重要数据不能恢复。建议恢复分区前，对分区加卷标，这样能分清目标分区，不会导致选错目标分区造成不必要的损失。

（5）要充分利用分区的特性，数据文件一般不要放在 C 区或系统区，因为 C 区或系统区属于事故多发区。

5.2　硬盘误删除数据恢复

前面讲过，删除文件只是把文件的地址信息在文件分配表和根目录表中抹去，而文件的数据本身还是在原来的扇区中，除非拷贝新的数据覆盖那些扇区，也就是基于此种情况，我们才有机会进行数据恢复。

1. 使用 FinalData 恢复数据

FinalData 使用方便，功能强大。与同类软件相比，在恢复效果上可以说是更胜一筹。它可以恢复数据、主引导程序（MBR）、引导扇区、FAT 表等，完成其他类似工具所不能完成的任务。

FinalData 启动后操作界面简洁，大致可以分为 3 部分，最上面的是菜单栏，左侧是文件区，右侧是操作区，如图 5-2 所示。

在"文件"菜单中单击"打开"选项，这时屏幕会弹出"选择驱动器"对话框，如图 5-3 所示，此时，用户可以选择逻辑驱动器，也可以选择物理驱动器，如果硬盘的分区表没有损坏，可直接在逻辑驱动器中选择要恢复的盘符，若硬盘分区表已丢失应选择物理驱动器。

图 5-2　FinalData 主画面

考虑选择逻辑驱动器的情况，假如 H 盘有误删文件，用鼠标选中 H 盘并单击"确定"按钮后，屏幕会弹出"簇扫描"对话框，如图 5-4 所示，开始搜索已删除文件，屏幕上显示了已被搜索出的目录数以及剩余操作时间，操作时间的多少要看硬盘容量的大小而定。

搜索结束后，屏幕上显示出搜索的结果，如图 5-5 所示，可以看到 FinalData 不但将 H 盘的数据全部搜出，而且可将丢失的目录和数据分别进行了归类。

图 5-3 弹出"选择驱动器"对话框

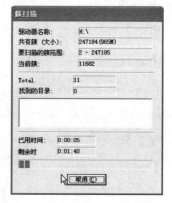
图 5-4 弹出"簇扫描"对话框

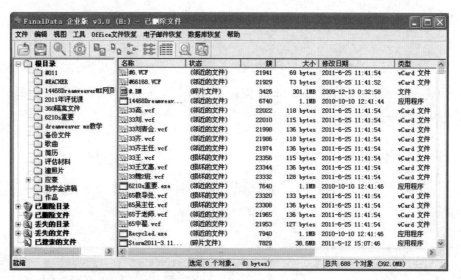
图 5-5 搜索的结果

假如要恢复所有删除文件，可以在左侧窗格中选取"已删除文件"，然后在工具栏的"编辑"菜单中选择"全部选择"选项，即可选取全部文件，如图 5-6 所示。

图 5-6 选择要恢复的文件

接下来在"文件"菜单中单击"恢复"选项，弹出"选择要保存的文件夹"对话框，需要用户选择要将数据恢复到哪一个分区中，如图 5-7 所示，这里要注意 Finaldata 不允许把数据恢复到 H 盘中，可以选择其他盘，选择后单击"保存"按钮，如图 5-8 所示。

图 5-7　选择要保存的文件夹

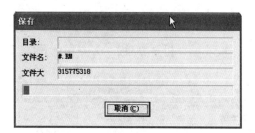

图 5-8　单击"保存"按钮

2. 使用 WinHex 软件数据恢复

WinHex 是一款以通用 16 进制编辑器为核心，具有较好的计算机取证、数据恢复、低级数据处理，以及 IT 安全性、各种日常紧急情况处置的高级工具，用来检查和修复各种文件、恢复删除文件、硬盘损坏、数码相机卡损坏造成的数据丢失等。

下面以恢复 D 盘被误删除的"[PC 硬件工具全集高级版].iSO"文件为例，讲解文件恢复操作过程，如图 5-9 所示。

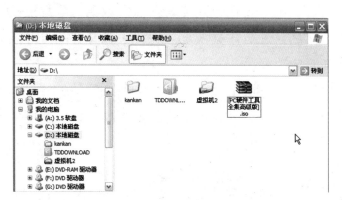

图 5-9　准备恢复的"[PC 硬件工具全集高级版].iSO"文件

打开 WinHex 主程序界面，单击工具栏上的"打开磁盘"按钮，如图 5-10 所示，弹出"Edit Disk"（选择磁盘）对话框，选择待恢复所在分区，如图 5-11 所示。

此时打开磁盘数据区，全部以 16 进制数形式显示，如图 5-12 所示。由于无法从中找到所需文件，所以单击右上角的"文件浏览"按钮，打开文件浏览窗口。

此时，窗口上半部分为文件浏览窗，向下拖动滚动条，寻找所需文件，文件名前面的状态图标变成了暗灰色问号，表示该文件存在问题，无法确保该文件能恢复，如图 5-13 所示。

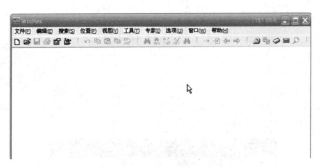

图 5-10　打开 WinHex 主程序界面

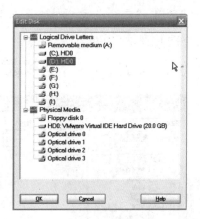

图 5-11　选择待恢复文件所在的分区

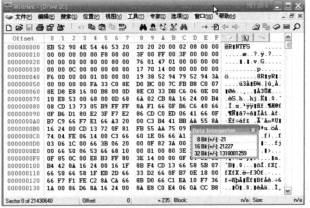

图 5-12　16 进制数形式显示

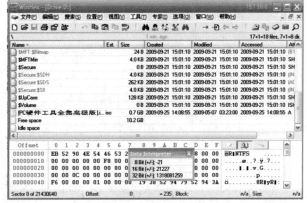

图 5-13　找到带有问号的丢失的文件

　　用户在丢失文件后，切记不要在分区里写入任何数据，最稳妥的办法是将丢失数据的分区全盘做一个镜像，然后再进行数据恢复。保证丢失文件的分区没有任何数据写入，就保证了有较高的文件恢复成功率。

　　右击要恢复的文件，选择"Recover/Copy"命令，如图 5-14 所示，弹出"Select Target Folder"（选择目标磁盘）窗口，此时必须强调要将数据恢复到稳妥的地方，不能选择要做数据恢复的分区，如图 5-15 所示。

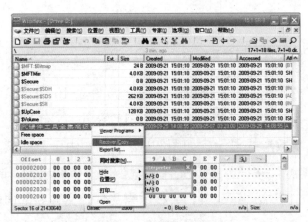

图 5-14　右击要恢复的文件

图 5-15　选择目标存放窗口

计算机组装与维护（第 5 版）

开始数据恢复进程，WinHex 会按照其所搜索到的文件链接，将文件数据全部复制到目标分区，如图 5-16 所示。恢复结束后，弹出"WinHex"提示框，如图 5-17 所示。

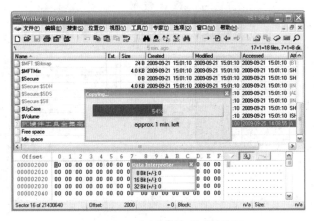

图 5-16　开始数据恢复进程

图 5-17　弹出"WinHex"对话框

打开 C 盘看到被恢复出来的文件，成功恢复的文件，如图 5-18 所示，至此数据恢复成功结束。

图 5-18　成功恢复的文件

5.3　硬盘误格式化数据恢复

高级格式化只是重新创建新的文件分配表和根目录表，同样也不会清除原有扇区中的数据。这里以 EasyRecovery 软件为例，讲解误格式化数据恢复方法。

EasyRecovery 是 Ontrack 公司开发的一个功能强大、简单实用的硬盘数据恢复工具，能够方便地恢复丢失的数据及重建文件系统。该软件支持 FAT16、FAT32、NTFS 格式，支持长文件名，硬盘中的引导记录、BIOS 参数数据块、分区表、FAT 表、引导区等信息、数据区损坏或丢失等数据恢复。

用户可以进行选择性地恢复，只需选择屏幕右下角的"文件类型"菜单，在"文件类型"菜单栏中选中想要恢复的文件类型（以文件扩展名分类）即可。

启动 EasyRecovery 进入主界面后，如图 5-19 所示，选择"数据恢复"按钮，出现如图 5-20 的界面。

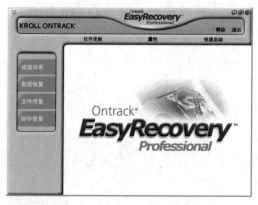

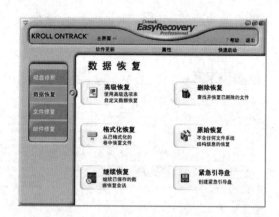

图 5-19　EasyRecovery 主界面　　　　　　　图 5-20　数据恢复界面

假如硬盘某个分区被误格式化，可以选择"格式化恢复"按钮，然后选中被误格式化的分区，在进行格式化恢复时，将忽略现有的文件系统结构，并尝试搜索以前文件系统结构，用户可以通过"以前的文件系统"选项进行选择，如图 5-21 所示。

单击"下一步"按钮，这时 EasyRecovery 会扫描该分区的文件系统，如图 5-22 所示。

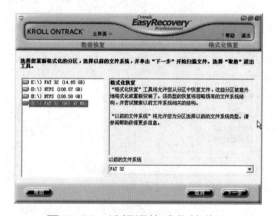

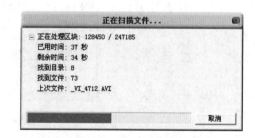

图 5-21　选择误格式化的分区　　　　　　　图 5-22　文件扫描过程

扫描结束后，EasyRecovery 会根据扫描出的文件系统结构进行全分区的搜索，搜索时间长短和计算机的配置以及分区大小有关，搜索结束后，窗口会显示出已搜索到的数据，EasyRecovery 将数据以扩展名为单位进行了分类，搜索到的数据，如图 5-23 所示。

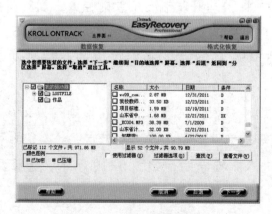

图 5-23　搜索到的数据

计算机组装与维护（第5版）

保存恢复出来的数据，选择需要恢复的数据，单击"下一步"按钮，如图 5-24 所示，单击"浏览"按钮，在弹出的对话框中选择一个可存储数据的分区，单击"下一步"按钮，即可开始复制数据，如图 5-25 所示。

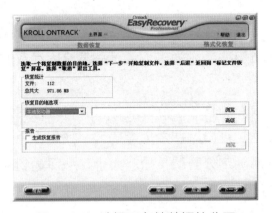

图 5-24　选择可存储数据的分区

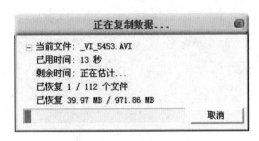

图 5-25　数据复制过程

数据复制完成后，出现如图 5-26 所示界面，询问是否保存或打印摘要，单击"完成"按钮，弹出"保存恢复"对话框，在如图 5-27 所示界面中，单击"是"按钮，保存恢复状态以便后期使用。

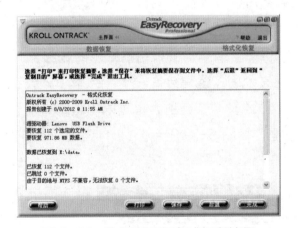

图 5-26　询问是否保存或打印摘要

图 5-27　弹出"保存恢复"对话框

输入文件保存位置及文件名，也可通过"浏览"按钮选择文件存放位置，单击"确定"按钮完成恢复操作，保存恢复文件，如图 5-28 所示。

图 5-28　保存恢复文件

5.4　硬盘误分区数据恢复

重新分区只是对硬盘的分区表有所改动，硬盘中的数据并未被破坏。如果计算机仅仅是因为重新分区而未进行其他操作导致数据丢失，恢复数据也较为简单，只需将分区表重新修复好即可实现。

1. 搜索已丢失分区（重建分区表）

DiskGenius 能通过已丢失或已删除分区的引导扇区等数据恢复这些分区，并重新建立分区表。出现分区丢失的状况时，无论是误删除造成的分区丢失，还是病毒原因造成的分区丢失，都可以尝试通过该功能恢复。

分区的位置信息保存在硬盘分区表中。分区软件删除一个分区时，只会将分区的位置信息从分区表中删除，不会删除分区内的其他数据。可通过搜索硬盘扇区，找到已丢失分区的引导扇区，通过引导扇区及其他扇区中的信息确定分区的类型、大小，从而达到恢复分区的目的。

DiskGenius 在不保存分区表的情况下也可以将搜索到的分区内的文件复制出来，甚至可以恢复其中已删除文件。搜索过程中立即显示搜索到的分区，可以即时浏览分区内的文件，以判断搜索到的分区是否正确。

（1）要恢复分区，请先选择要恢复分区的硬盘。选择硬盘的方法如下：

● 单击左侧"分区、目录层次图"中的硬盘条目，或硬盘内的任一分区条目。

● 单击界面上部"硬盘分区结构图"左侧的小箭头切换硬盘。

如果仅需搜索空闲区域，则在"硬盘分区结构图"上点击要搜索的空闲区域。

（2）选择好硬盘后，单击"工具→搜索已丢失分区（重建分区表）"菜单项，或右击空白处，在菜单中选择"搜索已丢失分区（重建分区表）"选项，也可以单击工具栏上的"搜索分区"按钮，弹出"搜索丢失分区"对话框，如图 5-29 所示。

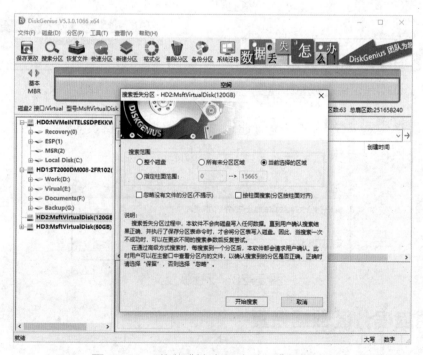

图 5-29　弹出"搜索丢失分区"对话框

可选择的搜索范围如下：

● 整个磁盘：忽略现有分区，从头到尾搜索整个磁盘。

● 当前选择的区域：保留现有分区，并且只在当前选择的空闲区域中搜索分区。

● 所有未分区区域：保留现有分区，并且依次搜索所有空闲区域中的已丢失分区。

另外，若能确信要恢复的分区都是按柱面对齐，则可以勾选"按柱面搜索（分区按柱面对齐）"选项。这样能提高搜索速度。

（3）设置好搜索选项后，单击"开始搜索"按钮，程序开始搜索过程。

搜索到一个分区后，立即会在软件界面中显示刚刚搜索到的分区，并弹出如图 5-30 所示的对话框。

图 5-30　搜索到分区

此时，如果搜索到的分区内有文件，程序会自动切换到文件浏览窗口并显示分区内的文件列表。用户可通过预览文件判断程序搜索到的分区是否正确，可以不关闭搜索到分区的提示，即可在主界面中查看刚刚搜索到的分区内的文件。如果通过预览文件判断该分区不正确，请单击对话框中的"忽略"按钮。如果分区正确，请单击"保留"按钮以保留搜索到的分区。单击保留后，程序不会立即保存分区表（不写硬盘），继续搜索其他分区，直到搜索结束。对话框中还存在"这是一个主分区"或"这是一个逻辑分区"的复选框，如果 DiskGenius 显示的主分区或逻辑分区类型不正确，则可以通过勾选此选项进行转换。

（4）搜索完成后，弹出确认窗口，如图 5-31 所示。

（5）搜索完成后，在不保存分区表的情况下，可以立即通过 DiskGenius 软件访问分区内的文件，如复制文件等，甚至恢复分区内的已删除文件。但是只有在保存分区表后，搜索到的分区才能被操作系统识别及访问。

如果想放弃所有搜索结果，请单击"磁盘 – 重新加载当前磁盘"选项。

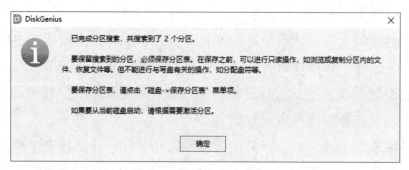

图 5-31 确认窗口

2. 重建主引导记录（重建 MBR）

如果 MBR（主引导记录）遭到破坏，或者需要清除主引导记录中的引导程序，可通过 DiskGenius 的"重建主引导记录"功能重建。操作方法如下：

（1）选中需要重建主引导记录的磁盘，然后单击"磁盘→ 重建主引导记录（重建 MBR）"选项，弹出"重建主引导记录"对话框，如图 5-32 所示。

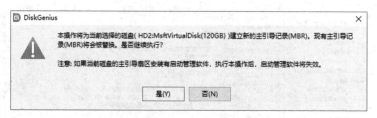

图 5-32 弹出"重建主引导记录"对话框

（2）单击"是"按钮后，程序将软件自带的 MBR 重建主引导记录。

任务小结

1. 硬盘数据丢失的原因有软故障类型和硬故障类型两种。

2. 硬盘数据丢失的原因、硬盘数据恢复的层次和处理方法，硬盘软故障的数据恢复原理。

3. FinalData 恢复数据主要有 3 个步骤：第一步，选择磁盘。单击"文件→打开"选项，或单击工具栏上的打开按钮，在"选择驱动器"对话框中选择文件所在磁盘。第二步，扫描磁盘。当选择要恢复文件的所在磁盘后，FinalData 会自动扫描。第三步，恢复文件。当所选整个磁盘扫描完成以后，磁盘中所有文件将列在右侧的操作区域，其中文件前带"#"号的就是已经删除过的文件。选中要恢复的文件后，单击"保存"按钮即恢复完成。

4. WinHex 是一款以通用的 16 进制编辑器为核心，主要用来检查和修复各种文件、恢复删除文件、硬盘损坏、数码相机卡损坏造成的数据丢失等，掌握使用 WinHex 进行数据恢复的方法。

5. 高级格式化只是重新创建新的文件分配表和根目录表，并未真正清除原有扇区中数

计算机组装与维护（第 5 版）

据，可以使用 EasyRecovery 软件进行误格式化数据恢复。

6．重新分区只是对硬盘的分区表有所改动，硬盘中的数据并没有破坏。如果计算机仅仅是因为重新分区而导致的数据丢失，只需将分区表重新修复好，所有的数据即可恢复。DiskGenius、Partition Magic、PTDD 分区表医生等软件都具有分区修复功能。

任务❿ 认识计算机病毒

任务描述

随着网络的发展，信息的传播越来越快，同时也给病毒的传播带来便利，互联网的普及使病毒在一夜之间传遍全球成为可能。现在，几乎每位计算机用户都曾经历过病毒入侵，我们需要充分认识到病毒的危害，及时发现病毒，运用专业杀毒软件予以清除。

任务清单

任务清单如表 5-2 所示。

表 5-2　认识计算机病毒——任务清单

任务目标	【素质目标】 通过判别计算机病毒特征，培养学生良好问题逻辑分析习惯的职业素养； 通过专业杀毒软件的练习，培养学生良好的职业素养。 【知识目标】 掌握计算机病毒的诊断方法； 掌握计算机病毒的清除方法。 【能力目标】 能够判断计算机病毒的类型。
任务重难点	【重点】 掌握计算机病毒的诊断方法； 掌握计算机病毒的清除方法。 【难点】 计算机病毒的清除。
任务内容	1．计算机病毒的危害； 2．计算机病毒的特点； 3．计算机病毒的诊断与清除。
工具软件	实训 PC； 常用病毒清除软件； 用户需求一份。
资源链接	微课、图例、PPT 课件、实训报告单。

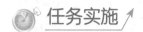

5.5 计算机病毒的危害

计算机已经逐渐成为我们生活的一部分，无论是娱乐还是工作，我们都离不开计算机，计算机着实给我们生活带来的很多方便，但是计算机病毒同样也给我们带来不少麻烦，计算机病毒会导致很多软件发生故障，造成软件甚至计算机无法使用。

计算机病毒其实是一种具有自我复制能力的程序或脚本语言，这些计算机程序或脚本语言利用计算机的软件或硬件的缺陷控制或破坏计算机，造成系统运行缓慢、不断重启或使用户无法正常操作计算机，甚至可能造成硬件的损坏等。其中比较典型的情况有如下几种情况：

（1）破坏计算机内存。

破坏计算机内存的方法主要是大量占用内存、禁止分配内存、修改内存容量和消耗内存 4 种。病毒在运行时占用大量的内存和消耗大量的内存资源，导致系统资源匮乏，进而导致死机。

（2）破坏文件。

病毒破坏文件的方式主要包括重命名、删除、替换内容、颠倒或复制内容、丢失部分程序代码、写入时间空白、分割或假冒文件、丢失文件簇和丢失数据文件等。受到病毒破坏的文件，如果不及时杀毒，则无法使用。

（3）影响计算机运行速度。

病毒在计算机中一旦被激活，就会不停地运行，占用计算机大量的系统资源，使计算机的运行速度明显减慢。

（4）影响操作系统正常运行。

计算机病毒会破坏操作系统的正常运行，主要表现方式包括自动重启计算机、无故死机、不执行命令、干扰内部命令的执行、打不开文件、虚假报警、占用特殊数据区、强制启动软件和扰乱各种输出/输入等。

（5）破坏硬盘。

计算机病毒攻击硬盘主要包括破坏硬盘中存储的数据、不读/写硬盘、交换操作和不完全写盘等。

（6）破坏系统数据区。

由于硬盘的数据区中保存了很多的文件及重要数据，计算机病毒对其进行破坏通常会引起毁灭性的后果。病毒主要攻击的是硬盘主引导扇区、BOOT 扇区、FAT 表和文件目录等区域，当这些位置被病毒破坏的时候，只能通过专业的数据恢复来还原数据。

5.6 计算机病毒的特点

（1）寄生性。

计算机病毒寄生在其他程序之中，当执行这个程序时，病毒就会开始起作用，而在未启动这个程序之前，它是不易被人发觉的。

（2）传染性。

计算机病毒不但本身具有破坏性，还具有传染性，一旦病毒开始开始复制或产生变种，其速度之快令人难以预防。传染性是病毒的基本特征。在生物界，病毒通过传染从一个生物体扩散到另一个生物体。在适当的条件下，它可得到大量繁殖，并使被感染的生物体表现出病症甚至死亡。同样，计算机病毒也会通过各种渠道从已被感染的计算机扩散到未被感染的计算机，在某些情况下，使被感染的计算机工作失常甚至瘫痪。与生物病毒不同的是，计算机病毒是一段人为编制的计算机程序代码，这段程序代码一旦进入计算机并得以执行，就会搜寻其他符合其传染条件的程序或存储介质，确定目标后再将自身代码插入其中，达到自我繁殖的目的。只要一台计算机感染计算机病毒，如不及时处理，那么病毒会在这台计算机中迅速传播，其中的大量文件（一般是可执行文件）会被感染；而被感染的文件又成了新的传染源，再与其他机器进行数据交换或通过网络接触，病毒会继续进行传染。正常的计算机程序一般不会将自身的代码强行连接到其他程序上，而病毒却能使自身的代码强行传染到一切符合其传染条件的未受到传染的程序之上。计算机病毒可通过各种可能的渠道，如软盘、计算机网络去传染其他的计算机。是否具有传染性是判别一个程序是否为计算机病毒的最重要条件，病毒程序通过修改磁盘扇区信息或文件内容并把自身嵌入其中的方法达到病毒的传染和扩散，被嵌入的程序叫作宿主程序。

（3）潜伏性。

有些病毒像定时炸弹一样，发作时间是预先设计好的。比如黑色星期五病毒，不到预定时间无法察觉，等到条件具备时开始发作，对系统进行破坏。一个计算机病毒程序，进入系统之后一般不会马上发作，可以在几周或者几个月内甚至几年内隐藏在合法文件中，对其他系统进行传染，而不被人发现，潜伏性越好，其在系统中的存在时间就会越长，病毒的传染范围就会越大。潜伏性的第一种表现是指，病毒程序不经病毒扫描程序是无法检测出来的，因此病毒可以静静地躲在磁盘或磁带里待上几天，甚至几年，一旦时机成熟，得到运行机会，即可四处繁殖、扩散，继续危害计算机系统。潜伏性的第二种表现是指，计算机病毒的内部往往有某种触发机制，不满足触发条件时，计算机病毒除了传染外不做其他破坏。触发条件一旦得到满足，有的在屏幕上显示信息、图形或特殊标识，有的则执行破坏系统的操作，如格式化磁盘、删除磁盘文件、对数据文件做加密、封锁键盘以及使系统死锁等。

（4）隐蔽性。

计算机病毒具有很强的隐蔽性，有的可以通过病毒软件检测出来，有的无法检测出来，有的时隐时现、变化无常，这类病毒处理起来通常很困难。

（5）破坏性。

计算机中毒后，可能会导致正常的程序无法运行，把计算机内的文件删除或受到不同程度的损坏。

（6）可触发性。

病毒因某个事件或数值的出现，诱使病毒实施感染或进行攻击的特性称可触发性。为了隐蔽自己，病毒必须潜伏。病毒既要隐蔽又要维持杀伤力，其必须具有可触发性。病毒的触发机制就是用来控制感染和破坏动作的频率。病毒具有预定的触发条件，这些条件可能是时间、日期、文件类型或某些特定数据等。病毒运行时，触发机制检查预定条件是否满足，如果满足，启动感染或破坏动作，使病毒进行感染或攻击；如果不满足，使病毒继续潜伏。

5.7 计算机病毒的诊断与清除

1. 计算机病毒诊断

（1）检查是否有异常的进程。首先，关闭所有应用程序，然后右击任务栏空白区域，在弹出的快捷菜单中单击"任务管理器"选项，打开"进程"选项卡，查看系统正在运行的进程，如图 5-33 所示。如果进程数目太多，就要认真查看有无非法进程，或不熟悉的进程（当然，这需要对系统正常的进程有所了解）。有些病毒的进程模拟系统进程名，比如磁碟机病毒产生两个进程 lsass.exe 和 smss.exe 与系统进程同名；熊猫烧香病毒会产生 spoclsv.exe 或 spo0lsv.exe 进程与系统进程 spoolsv.exe 非常相似，有些变种会产生 svch0st.exe 进程，与系统进程 svchost.exe 非常相似。在"任务管理器"的"性能"选项卡中查看 CPU 和内存的使用状态，如果 CPU 或内存的利用率持续居高不下，计算机中毒的概率为 95%以上。

（2）查看系统当前启动的服务是否正常。选择"控制面板→管理工具→服务（本地）"选项，如图 5-34 所示，打开后查看状态为已启动的行；一般情况下，正常的 Windows 服务都有描述内容，检查是否有可疑的服务处于启动状态。在打开控制面板时，有时会出现打不开或者其中的所有图标都在左边，右边空白，再打开"添加/删除程序"选项或"管理工具"选项，窗口内无任务内容，这一般是由病毒文件 winh1pp32.exe 发作而造成的。

（3）在注册表中查找异常启动项。运行注册表编辑器，单击"开始→运行→输入 regedit 命令"选项，查看 Windows 启动时自动运行的程序主要看 Hkey_Local_Machine 及 Hkey_Current_User 下的\Software\Microsoft\Windows\CurrentVersion\Run 和 Run Once 等项，查看窗口右侧的键值，看是否有非法的启动项。依据经验即可判断出有无病毒的启动项，如图 5-35 所示。

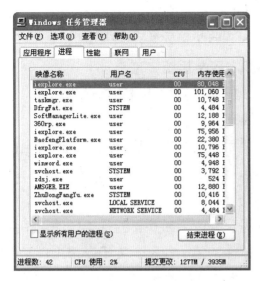

图 5-33　任务管理器

图 5-34　查看服务

（4）利用浏览器进行网上判断。有些病毒禁止用户访问杀毒软件厂商的官方网站，访问时会自动关闭或转向其他网站。有些病毒发作时还会自动弹出大量窗口，大多弹出为非法网站。有的病毒还会修改浏览器的首页地址，指向含有病毒的网站，并禁止自行修改。

（5）显示出所有系统文件和隐藏文件，查看是否有隐藏的病毒文件存在。选择"我的计算机→工具→文件夹选项→查看"选项，关闭"隐藏受保护的操作系统文件"选项，并选择"显示所有文件和文件夹"选项，然后单击"确定"按钮。如果在磁盘根目录下发现隐藏文件autorun.inf 或 pagefile.pif 文件，则表明中了落雪病毒，此时在盘符上右击，还可能出现

图 5-35　查看注册表编辑器

"播放"或"自动播放"等项，并成为默认项，双击盘符病毒就会自动运行。有些病毒在感染后双击打开盘符时提示错误而不能打开，而病毒此时已经被激活运行。这时应采用在地址栏直接输入盘符的方式来打开，这样病毒产生的 autorun.inf 文件就无法运行了。

（6）根据杀毒软件能否正常运行来判断计算机是否中毒。有些病毒会自动关闭杀毒软件的监控中心，如果发现杀毒软件不能安装，或者已经安装的杀毒软件无法在屏幕右下角系统托盘中的指示图标找到、图标颜色发生了变化、不能自动升级等现象，那么此时基本可以断定计算机已经感染病毒，应及时采取措施，加以清除。

2．计算机病毒的清除

说到计算机病毒的清除，大家自然会想到杀毒软件。常用的国产杀毒软件主要有百度杀

毒、360 杀毒、腾讯电脑管家等；常见的国外杀毒软件有卡巴斯基、小红伞 Avira Free Antivirus、Norton 等。无论选择哪种杀毒软件，建议使用正版杀毒软件，对计算机进行防护。

如果计算机有疑似感染病毒的症状时，可以采取如下应急措施：

（1）将杀毒软件升级至最新版，进行全盘杀毒。最好使用自动升级功能在线升级，如果不能自动升级，则可以下载最新的升级包，进行离线升级。

（2）如果杀毒软件不能清除病毒，或者重启计算机后病毒再次出现，应该进入安全模式进行查杀。在计算机启动自检时开始按【F8】快捷键，会出现各种启动模式的选择菜单，单击"安全模式"按钮即可。

（3）有些病毒会造成杀毒软件无法启动，需要根据现象，判断病毒的种类，使用相应的专杀工具进行查杀。这类病毒虽然能自动关闭杀毒软件，但一般不会关闭专杀工具。使用专杀工具查杀后，再升级或重装杀毒软件，再按上述步骤进行杀毒。

（4）如果病毒非常顽固，使用多种方法都不能彻底查杀，则最好格式化并重装系统。但是在重装系统后，切记不能直接打开除 C 盘外的其他盘，否则病毒又会被激活。必须先做好防护措施，安装杀毒软件，并升级至最新版，对所有硬盘进行杀毒，在确保没有病毒的情况下再打开其他盘。

（5）有个别病毒在重装操作系统后仍无法彻底清除，可以对硬盘进行重新分区或进行格式化处理。

任务小结

1．计算机病毒的危害。
2．计算机病毒的特点。
3．计算机病毒的诊断方法。
4．计算机病毒的清除方法。

达标检测 5

一、填空题

1．硬盘数据丢失具有两种类型：_____和_____。

2．硬盘每个扇区的数据是通过一定的校验公式来保障数据的完整性和准确性。校验公式一般为_____校验和_____校验。

3．数据恢复不仅是指对文件的恢复，还可以恢复硬盘的_____，也可以恢复不同的_____，也可以恢复不同移动数码存储卡上的数据。

4．在实际操作中，删除文件并不会把数据从硬盘扇区中实际抹去，只是把文件的地址信息在_____和_____中抹去，而文件的数据本身还是在原来的_____中，除非拷贝新的数据覆盖那些扇区。

5. 在实际操作中，高级格式化并不会把数据从硬盘扇区中实际抹去，只是重新创建新的_____和_____，同样也不会清除原来在扇区中的数据。

6. 重新分区只是对硬盘的_____有所改动，硬盘中的数据并没有被破坏。

7. 计算机病毒的特点为：寄生性、_____、潜伏性、隐蔽性、_____、可触发性。

8. 病毒程序通过修改磁盘扇区信息或文件内容并把自身嵌入到其中的方法达到病毒的传染和扩散，被嵌入的程序叫作_____。

二、综合应用

1. 使用 FinalData 进行误删除数据恢复。

2. 使用 EasyRecovery 进行误格式化数据恢复。

3. 使用 DiskGenius 搜索已丢失分区（重建分区表）。

4. 通过查阅资料，了解目前常见计算机病毒，了解解决方案。

5. 通过查阅资料，了解目前主流杀毒软件，做好个人计算机的安全防护。

模块 6

····· 计算机故障诊断与排除

 诊断计算机故障

任务描述

计算机系统可分为硬件系统和软件系统，计算机在使用一段时间后难免会出现各种各样的故障，故障出现的原因也很多。因此，诊断计算机的故障要从两方面入手，一方面是要遵循一定的分析诊断原则，另一方面是要遵照一定维修方法和技巧进行解决。根据原则判断故障，使用基本维修方法确定故障源，结合维修技巧与操作规范，以达到最终排除故障的维修方案。

任务清单

任务清单如表 6-1 所示。

表 6-1　诊断计算机故障——任务清单

任务目标	**【素质目标】** 通过看似软件故障实为硬件故障的分析思路，培养学生良好问题逻辑分析习惯的职业素养； 通过独立区分某一故障现象类型，培养学生良好的职业素养。 **【知识目标】** 掌握计算机故障诊断的基本原则； 掌握排除计算机故障的常用方法； 了解故障诊断流程。 **【能力目标】** 能够独立区分某一故障现象是属于软件故障还是硬件故障。
任务重难点	**【重点】** 掌握计算机故障诊断的基本原则； 掌握排除计算机故障的常用方法。 **【难点】** 诊断计算机故障的思路与处理方法。

任务内容	1. 计算机故障诊断原则； 2. 计算机故障解决方法； 3. 计算机硬件故障分析流程； 4. 计算机软件故障分析流程。
工具软件	实训 PC； 用户需求一份。
资源链接	微课、图例、PPT 课件、实训报告单。

任务实施

6.1 计算机故障诊断原则

1. "一切从简单的事情做起"原则

简单的事情就是通过观察就能够发现并解决的故障，从简单的事情做起就是从容易操作和办到的方案开始实施操作。

观察一般包括"望、闻、问、摸" 4 个步骤。望，一般可分为两个方面，一方面是看故障现象，根据现象来分析产生故障的原因；另一方面是看外观，包括是否变形、变色、有裂纹，是否有虚焊等。闻，也可分为两个方面，一方面是听报警声和异响声，根据声音来判断故障；另一方面是闻主机是否有烧焦等异味。问，是要了解故障发生前进行了哪些操作、使用环境是否发生了变化。摸，主要是通过简单的操作如触摸元器件表面有无烫手的感觉（一般元器件表面温度为 40～50℃，注意在触摸前要放掉身上的静电），或者通过某些检测工具进行测试诊断。

在进行检修前，首先要做的事情就是观察，包括以下几个方面的内容。

（1）对计算机所表现的特征、显示内容的观察。要了解计算机正常工作时的特征、显示的内容，以便出现问题时比较它们与正常情况下的异同。

（2）对计算机内部环境情况的观察（注意一般要在关闭外接电源的情况下进行）。灰尘是否太多、各部件的连接是否正确、器件的颜色是否有不正常或变形的现象、指示灯的状态是否和平时一样等。

（3）对计算机的软硬件配置观察。了解安装了哪些硬件，系统资源的使用情况；使用的是哪种操作系统，又安装了哪些应用软件；硬件的驱动程序版本等。

（4）对计算机周围环境的观察。所在位置是否存在电磁波或磁场的干扰、电源供电是否正常、各部件的连接是否正确、环境温度是否过高、湿度是否太大等。

2. "先想后做"原则

首先，根据观察到的故障现象，分析产生故障的可能原因。先想好怎样做、从何处入手，再实际动手。

其次，对所观察到的现象，根据以前的经验先试一下。若问题没得到解决，尽可能地先去查阅资料等，然后根据查阅到的资料，结合自身已有的知识、经验来进行判断。对于自己不太了解或根本不了解的，一定要向有经验的老师或技术支持工程师咨询，寻求帮助。

3．"先软后硬、由外到内"原则

从整个维修判断的过程看，我们总是先判断是否为软件故障。对于不同故障现象，分析的方法也不一样。据不完全统计，对大多数用户来说，计算机日常使用中 80％以上的故障现象是由于软件原因导致的"软故障"。因此，要排除软件问题后，再着手检查硬件问题。在实施硬件维修时，要先排除外部器件故障，再检查机器内部故障；先排除次要部件故障，再排除主要部件故障（注意：在硬件故障排查时务必在切断电源的情况下才能实施操作）。

4．"抓核心问题"原则

在维修的过程中除了要了解故障发生前的操作或使用环境，还要尽量复现故障现象，以了解真实的故障原因。一台故障机有时可能会发现不止一种故障现象，而是有两种或两种以上的故障现象（如系统运行慢、间歇性蓝屏、硬盘有摩擦声音、有时无法进入系统等），而这些故障现象具有一定的关联性。这时，应该先判断、解决主要的故障现象。当修复主要故障后，再解决次要故障，当主要故障排除后，可能次要故障就不再出现了。

6.2 计算机故障解决方法

1．观察法

观察法主要是通过以下三个方面检查、解决计算机故障。

第一方面：观察系统板卡的插头、插座是否歪斜，电阻、电容引脚是否相碰，表面是否烧焦、凸起，芯片表面是否开裂，主板上的铜箔是否烧断，查看是否有异物掉进主板的元器件之间（造成短路），也可查看板上是否有烧焦变色的地方，印刷电路板上的走线（铜箔）是否断裂等。

第二方面：观察计算机所使用的环境是否恰当（市电、温湿度、灰尘等），软件应用及驱动版本安装是否正常，软硬件匹配的兼容性是否合适，是否有错误的操作习惯等。

第三方面：通过简便的软硬件检测工具判断故障部位和故障原因。

2．最小系统法

最小系统是从维修判断故障的角度来看，能使计算机故障复现或不复现的最基本的硬件环境和软件环境。最小系统有两种形式：

（1）硬件最小系统

硬件最小系统由电源、主板、CPU、内存、显卡和显示器组成。整个系统可以通过主板 BIOS 报警声和开机 BIOS 自检信息来判断这几个核心配件部分是否可以正常工作。

（2）软件最小系统

软件最小系统由电源、主板、CPU、内存、显卡、显示器、键盘和硬盘组成。启动操作系统并进入安全模式来判断系统是否可以完成正常的启动与运行。

最小系统法，主要是先判断在最基本的软件、硬件环境中，系统是否可以正常工作。如果不能正常工作，即可判定最基本的软件、硬件有故障，所以最小系统法能缩小查找故障配件的范围。

计算机硬件最小化系统通常可分以下几种情况：

① 能启动计算机的最小化系统，主要有主板、电源、CPU（散热风扇）；

② 能点亮计算机屏幕的最小化系统，主要有主板、电源、CPU、内存、显卡、显示器；

③ 能正常进入计算机操作系统界面的最小化系统，主要有主板、电源、CPU、内存、显卡、显示器、硬盘、键盘。

计算机软件最小化系统通常可分以下几种情况：

① 能正常进入 BIOS 设置界面并可设置相关参数；

② 能正常进入 PE 操作系统界面并能正常操作；

③ 能正常进入操作系统安全模式；

④ 能正常进入操作系统界面，但某些功能模块失效。

3．逐步添加去除法

逐步添加法，以最小系统为基础，一次向系统添加一个部件（硬件或软件），直至出现故障现象为止，即可判断出故障发生部位；

逐步去除法，以故障系统为基础，一次向系统去除一个部件（硬件或软件），直至不出现故障现象为止，即可判断出故障发生部位。

特别强调：每次添加或去除硬件部件时务必做到断电后才操作，不能同时添加或去除多个部件。

4．替换法

替换法是用好的部件去代替可能有故障的部件，以故障现象是否消失来判断的一种维修方法。好的部件可以是同型号的，也可以是不同型号的。替换时尽量遵循以下几个原则：

（1）根据观察故障发生的现象，来考虑需要进行替换的部件或设备。

（2）按替换部件的繁简程度进行替换（遵循一切从简单的事情做起原则）。

（3）根据故障率来决定部件替换顺序，根据以往维修经验先考虑故障率高的部件进行检查与维修。首先考察与怀疑有故障的部件相连接的连接线接触是否良好、安装是否到位等，其次是替换怀疑有故障的部件，其次是替换供电部件，最后才是与之相关的其他部件。

替换法的使用是否有效，最终取决于部件替换前后故障现象是否发生了改变，或者所要排除的故障现象是否已经消失。

5．诊断卡法

诊断卡法是利用专用的诊断卡对系统进行检查的方法。诊断卡分为 2 码和 4 码这两种，如图 6-1 所示，有 PCI 和 ISA 两种接口。卡上会有一些指示灯来显示计算机各个部件的工作情况。通常在使用过程中，可以根据卡上指示灯显示的状况，对照卡的说明书，轻松鉴别出有故障的部件。

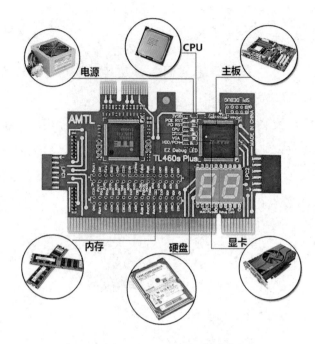

图 6-1　DEBUG 诊断卡

6．释放电荷法

释放电荷法是将主机断电（断开主机与电源的连接、如果是笔记本产品还需去掉电池），然后连按 2～3 次主机电源开关，或者连续按住主机电源开关 3 秒。此种方法有时能解决隐性的疑难杂症，也是最简单、最容易操作的维修方法。

7．升降温法

升降温法是通过提高或降低计算机使用环境的温度（或考验部件耐热程度）来查看故障现象变化的一个维修方法。此种方法有时能较快地发现故障部件，提高维修效率。

6.3　计算机故障分析基础知识

计算机在使用的过程中难免会产生各种各样的故障现象，故障千变万化、错综复杂。从维修分析的角度来看，通常会将计算机故障分为软件故障和硬件故障两大类。

1．软件故障

软件故障是指由于计算机系统兼容性配置不当、感染病毒或操作人员使用操作不当等原因引起无法正常运行的故障现象。软件故障及原因主要有以下几种。

（1）两个或两个以上应用软件同时运行，或应用软件与操作系统之间不兼容而引起的系统崩溃、蓝屏、死机、重启等现象。

（2）删除某个应用软件时，将系统文件或驱动程序不小心删除而引起的系统崩溃、功能失效甚至无法启动系统等现象。

（3）在下载应用软件时，随机下载安装了某些病毒程序而引起的系统中毒，系统文件遭到破坏造成无法正常运行的现象。

（4）计算机同时安装了多个杀毒软件，造成杀毒软件之间互相冲突，导致系统运行卡顿、死机等现象。

2. 硬件故障

硬件故障是指计算机硬件系统中内部硬件与外部硬件因使用不当而引起的接触不良、电路或器件损坏、硬件本身电性能下降等原因引起的故障现象。常见的硬件故障及原因主要有以下几种：

（1）部件间的插口连接不匹配或接触不良。

（2）跳线设置错误引起的硬件之间发生冲突。

（3）由于硬件厂商的不同造成硬件与硬件之间互不兼容，引起计算机死机、蓝屏、无法启动等疑难故障。

（4）计算机使用一段时间后，设备部件的电性能下降、电路元器件虚焊、损坏引起功能失效，甚至无法正常启动工作的故障现象。

面对如此千变万化、错综复杂的计算机故障现象和故障原因，我们只需要按照一定的维修原则，采用恰当的维修方法与维修技巧就能把故障排除。

6.4 计算机故障分析流程

1. 计算机软件故障分析

计算机软件故障主要指，由应用软件和系统软件的不兼容或软件系统被破坏而引起的系统不能正常启动和工作的现象。例如，BIOS 中的某些设置被修改后造成找不到硬盘系统，驱动程序无法正常安装而造成各种各样的软件故障现象。

计算机软件故障通常是由于软件本身兼容性问题、系统软件中毒问题、用户操作不当问题所引起的。一般可通过恢复系统正确设置、驱动程序的卸载与安装、操作系统的恢复与重装等方式解决。

下面简单介绍计算机软件故障的基本解决思路和处理方法。

（1）查看软件应用功能快捷键设置是否正确，如 WiFi、蓝牙功能的启动与关闭。

（2）磁盘垃圾文件过多引起计算机使用性能变差，建议定期清理。

（3）系统开机启动项设置太多影响开机速度和系统的稳定性，建议关闭一些不必要的启动项，如 QQ、微信等（初学者不可轻易关闭看不懂的启动项，以免重启后无法进入系统）。

（4）通常情况下只安装一个杀毒软件即可，安装过多杀毒软件将会拖慢整个系统的运行速度。

（5）系统盘剩余空间太少或打开的快速启动文件过多，拖慢整个系统的运行速度。

（6）如无法识别打印机等其他外部设备时，查看设备驱动程序是否正确安装（可在设备管理器中查看）。

（7）查看应用软件的兼容性问题，如应用软件版本匹配问题、与操作系统是否兼容等。

（8）某些顽固病毒无法清除时，可启动安全模式（Windows 操作系统一般是在系统开始运行前按下【F8】键），将病毒彻底清除。

（9）安装新软件或更改其设置后导致系统无法正常启动时，可进入安全模式卸载此软件或者直接恢复所更改的设置，然后再返回系统界面即可排除故障。

（10）可以通过调整虚拟内存的大小和禁用多余的系统服务来提升计算机运行速度。

（11）查看 BIOS 设置参数是否正确，设置异常将会引起无法引导硬盘系统或部分应用功能无法打开与关闭。

（12）查看系统配置文件是否被破坏或删除导致系统崩溃，可通过重新设置或重装系统解决。

2. 计算机硬件故障分析

计算机硬件故障主要可分为以下几大类：电源故障、显示器故障、内存故障、硬盘故障、主板故障、CPU 故障、显卡故障、其他故障。

从最基本的电源插头开始，深入计算机硬件系统的每个部分，以便了解检修硬件故障的顺序。硬件故障维修流程图，如图 6-2 所示。

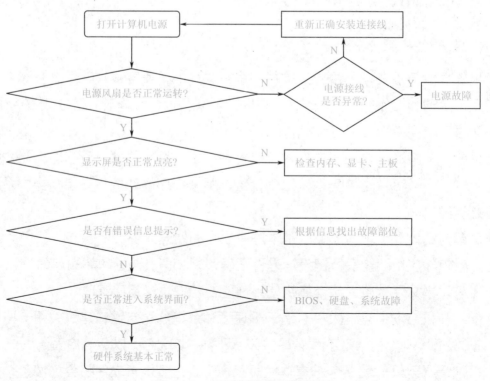

图 6-2　硬件故障维修流程图

在了解计算机硬件工作原理之后，可以按照计算机启动时检测硬件的顺序来进一步了解硬件故障产生的范围，以及可能引起的后果，计算机启动阶段硬件故障检测流程图如图 6-3 所示。

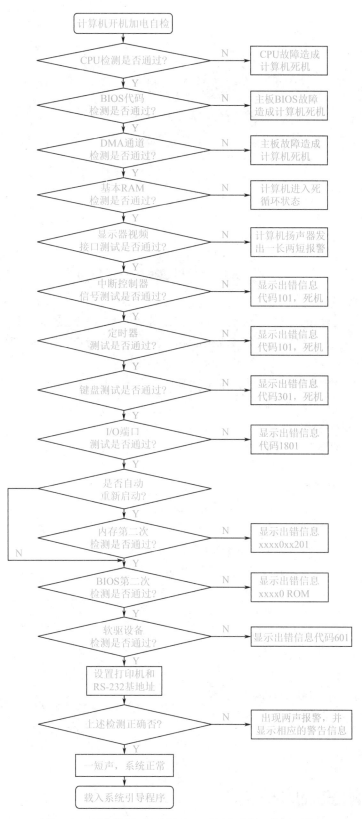

图 6-3　计算机启动阶段硬件故障检测流程图

任务 ⑫　排除计算机故障

任务描述

　　根据故障分析原则，结合故障解决方法，利用故障分析流程，从观察入手，逐步分析故障可能存在的原因，结合有效的解决方法确定故障源，从而制定有效的、切合实际的故障解决步骤，最终排除故障。

任务清单

任务清单如表 6-2 所示。

表 6-2　排除计算机故障——任务清单

任务目标	**【素质目标】** 通过典型故障的分析排除思路练习，培养学生良好问题逻辑分析习惯的职业素养； 通过观察某一故障现象类型，分析确定故障源，培养学生良好的职业素养。 **【知识目标】** 掌握典型故障案例的分析排除方法； 掌握故障分析原则。 **【能力目标】** 能够独立排除某一典型故障现象。
任务重难点	**【重点】** 掌握计算机故障诊断的基本原则； 掌握排除计算机故障的常用方法。 **【难点】** 诊断计算机故障的思路与处理方法。
任务内容	1. 不开机故障的解决； 2. 死机故障的解决； 3. 蓝屏故障的解决； 4. 黑屏故障的解决； 5. 重启故障的解决。
工具软件	实训 PC； 计算机故障诊断分析记录表。
资源链接	微课、图例、PPT 课件、实训报告单。

任务实施

6.5　不开机故障的解决

　　计算机不开机故障根据有无屏幕提示，又分为加电无反应硬件故障和加电无法进入系

计算机组装与维护（第 5 版）

统故障，加电无反应硬件故障维修流程图如图 6-4 所示，系统故障主要有如下几个方面。

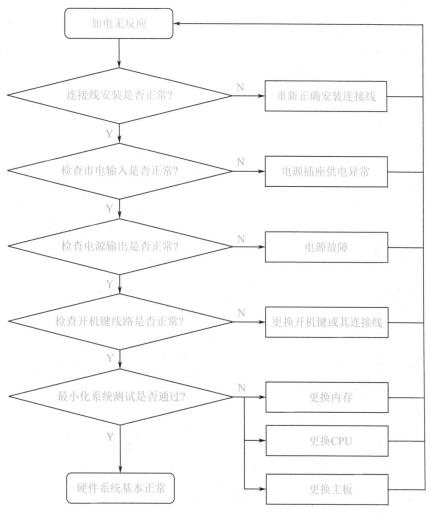

图 6-4　加电无反应硬件故障维修流程图

1．CMOS 电池电量不足

检测方法：出现该故障时，屏幕会出现提示 "CMOS checksum error—Defaults Loaded"，改成默认设置后计算机能够正常启动，但重启后还会出现提示，甚至几十分钟后计算机才能通过自检。

解决方案：利用数字式万用表直流电压 20 V 测量 CMOS 电池，正常电压应为 3 V 左右，否则更换 CMOS 电池，开机后屏幕还会出现提示："CMOS checksum error—Defaults Loaded"，按【Del】键后进入 BIOS，修改默认设置，重启计算机即可完成任务。

2．BIOS 设置故障

检测方法：出现这一故障，一般是因为计算机在自检阶段停止，无法继续开机。进入 BIOS 设置界面，查看硬盘参数设置，看能否正确识别硬盘；查看计算机启动顺序设置项，看系统所在盘是否为第一引导盘。

解决方案：进入 BIOS 设置界面，选择 "Load Fail→Safe Defaults" 选项，即恢复出厂设置，保存退出即可完成任务。

3. 操作系统故障

检测方法：这一故障典型表现为开机自检通过，但无法进入系统，在启动画面处停止。这可由很多原因引起，比较常见的就是系统文件被修改、破坏，或是加载了不正常的命令行。此外，硬盘故障也可能是原因之一。

解决方案：首先要尝试能否进入安全模式（开机按【F8】快捷键），选择启动菜单"Safe mode1（安全模式）"，进入后，通过设备管理器和系统文件检查器来查找故障，遇到有"！"或"？"显示项目，则要根据具体情况，重装驱动程序，系统文件受损可以重新安装文件恢复。

6.6 死机故障的解决

计算机死机故障成因较为复杂，这类故障通常分为硬件系统故障和软件系统故障两大类。

1. CPU 散热器故障

CPU 散热不良主要表现为自动启动或死机，甚至 CPU 烧毁等。通常情况下，CPU 散热不良的主要原因：一是 CPU 风扇转速过慢，特别是滚珠风扇使用一段时间后滚珠与轴承间的润滑油变少；二是 CPU 风扇灰尘过多或者导热硅脂硬化。

检测方法：将主机箱平放，打开侧盖，开机观察 CPU 散热器扇叶是否工作，若扇叶完全不转，故障确认。若扇叶转速低于正常值，同样起不到良好的散热作用。此时可进入 BIOS 系统观察 CPU FAN RPM 转数值和 CPU 核心温度是否正常即可判断故障，也可用手指尖轻触风扇叶片，若有打手的感觉，则表明风扇工作有力，散热正常，若立刻停转，则表明风扇存在问题。只有在叶片低转速时才能用手指轻触，注意操作安全。

解决方案：更换 CPU 散热器或更换散热器上的风扇。

2. 显卡故障

独立显卡作为计算机的专业图像处理和输出设备，一旦出现故障将直接导致无法正常显示输出信息。显卡常见的故障现象包括显卡接触不良、驱动程序出错、超频后故障和电子元器件故障。

检测方法：检查显卡接口卡扣是否扣紧、主板插槽或显卡本身是否存在污垢；显卡驱动程序安装是否正确（版本兼容性问题也会引起异常）；显卡过分超频引起系统无法启动或黑屏现象；显卡电子元器件故障需进行三级维修或直接更换整个显卡模块来解决。

解决方案：清理灰尘，重新正确安装，更换或升级驱动程序，降低显卡频率，更换显卡。

3. 电源故障

电源是计算机的供电器件，电源的稳定性直接影响计算机的正常运行。电源故障通常表现为以下几种情况：开机无反应，电压不稳引起自动重启，自动关机，死机，功率变小，机箱漏电等。

检测方法：使用万用表直流电压档测量电源输出端的各路电压是否正常；检查电源接地装置是否正确；检查电源内部灰尘是否过多，若过多可能导致散热不良甚至短路现象。

解决方案：清理灰尘，正确安装接地装置（一端接在机箱上，另一端连接大地即可），更换新电源。

4．病毒、木马入侵导致系统资源耗尽

检测方法：根据病毒或木马的入侵现象来判断，发作时有相应特征。

解决方案：加强系统维护，及时更新操作系统补丁，及时更新杀毒软件和防火墙软件，做到防患于未然。对于已经感染病毒的系统则应使用新版杀毒软件进行查杀处理。

6.7　蓝屏故障的解决

蓝屏故障是 Windows 系统特有的自我保护现象，当 Windows 系统中有软件或硬件的工作条件发生了改变，比如有某个配置文件运行失败，有可能产生破坏系统内核的操作时，Windows 系统会调用蓝屏处理中断程序，根据错误发生类型在屏幕上提示相应的英文信息，一般可通过阅读提示信息判断蓝屏产生的原因。

蓝屏现象产生的原因可从硬件和软件两方面来解释。

1．硬件方面

（1）超频过度。

原因：超频过度增加了 CPU 运行功率，使其超出散热器允许的功率范围。

解决方案：提高散热系统效率或降低超频幅度，增强系统稳定性。

（2）内存发生物理损坏或者内存与其他硬件不兼容

原因：内存损坏或不兼容产生蓝屏。

解决方案：逐一测试内存能否正常工作，更换有故障或不兼容的内存。

（3）系统硬件冲突。

原因：硬件冲突导致蓝屏。

解决方案：实践中经常遇到声卡或显卡的设置冲突。在"控制面板→系统→设备管理"中检查是否存在带有黄色问号或感叹号的设备，如存在可试着先将其删除，并重新启动计算机，由 Windows 系统自动调整，一般可以解决问题。若还不能解决问题，则可手工进行调整或升级相应的驱动程序。

（4）劣质配件导致蓝屏。

原因：劣质配件工作不稳定极易导致蓝屏。

解决方案：合理选配硬件，使用最新的硬件测试程序对整机进行 48 小时或 72 小时测

试，从而找出易发生故障的配件，将其更换后可增强系统稳定性。

2. 软件方面

软件方面的原因如下：

（1）遭到病毒或黑客攻击；

（2）注册表中存在错误或损坏；

（3）启动时加载程序过多；

（4）软件安装版本冲突；

（5）虚拟内存不足，造成系统多任务运算错误；

（6）动态链接库文件丢失；

（7）安装过多的字体文件；

（8）加载的计划任务过多；

（9）系统资源产生冲突或资源耗尽；

（10）产生软硬件冲突。

解决方案：因软件原因产生蓝屏的情况较多，解决软件故障要具体问题具体分析，一般通过"任务管理器""设备管理器""磁盘清理""系统还原""注册表编辑器""重装操作系统"或者其他工具软件加以修复。

6.8 黑屏故障的解决

黑屏故障是指开机时按下电源按钮后，计算机无响应，显示器屏幕不亮。

1. 电源线、信号线连接故障

检测方法：先检测显示器、主机箱电源线是否正常，显示器数据线是否正常，往往可以在第一时间发现故障原因。

解决方案：正确连接电源线、信号线。电源线接触不良的可换用高品质线，显示器信号线接头螺丝要固定好。

2. 开机后 CPU 风扇转但黑屏

（1）主板 BIOS 有报警音

检测方法：发出报警音，多为内存接触不良或损坏，可采用替换法进一步测试。

解决方案：取下内存条，用橡皮擦拭金手指后重新安装，可解决接触不良的问题，如故障依旧存在则需更换内存条。

（2）主板 BIOS 没有报警音。

检测方法：此时观察主板硬盘指示灯，如果出现不规律的闪动，硬盘有相应的读取数据声音，判断系统在正常启动，则将检查的重点放在显示器上。

解决方案：采用替换法确定显示器是否发生故障。如果出现显示器故障，普通用户请勿自行打开显示器后盖进行维修，因为显示器内部存在高压电。

（3）主板硬盘指示灯长亮，或是长暗。

检测方法：将检查的重点放在主机上，可尝试将内存、显卡、硬盘等配件逐一插拔来确认故障源。若全部试过后，计算机故障依然没有解决，则推断CPU或主板有可能损坏。

解决方案：更换损坏配件。

3．开机后CPU风扇不转且黑屏

此种故障处理难度最大，尤其是在没有任何专业设备的情况下，建议操作步骤如下：

（1）将主板与机箱的接线全部拔下，用螺丝刀碰触主板电源控制针PW_SW（注意：PW_SW位置参照主板说明书，误碰有可能烧毁主板），如果正常开机，则证明是机箱开机和重启键的问题，或者是连线错误。

（2）打开机箱，将主板BIOS电池拔下，稍等一会儿再重新装上，或用CMOS跳线进行清空CMOS操作，观察计算机是否可以正常启动。

（3）将电源和主板、光驱、硬盘、软驱等设备相互之间的数据线和电源线全部拔下，将主板背板所有设备如显示器、网线、鼠标、键盘也全部拔下，清除主板电源插座和电源插头上的灰尘后可尝试开机，如果可以开机，断电后再将其他设备安装到位，以确认故障源。确认后更换故障配件即可解决问题。

（4）更换一个新电源，看计算机能否启动。

若经过以上四步检修计算机仍然无法启动，则可判断主板或CPU已经烧坏。

6.9　重启故障的解决

计算机在正常使用情况下无故重启是常见故障之一。需要指出的是，就算没有软件、硬件故障的计算机，偶尔也会因为系统原因或非法操作导致计算机重启，所以偶尔一两次的重启并非代表计算机真的出现故障。

1．Reset重启按钮没有回位导致反复重启

如果刚刚按过重启按钮，接着出现反复重启现象，有可能属于这个原因。

检测方法：拆开机箱将主板中Reset SW插针拔出，看现象是否仍旧存在。如果故障解除，则可确定属于该原因。

解决方案：更换重启按钮。

2．电网电压起伏过大导致重启

在一些偏远地区或农村地区，由于供电电压不稳定，容易出现这种情况。

检测方法：用万用表检测电压是否稳定。

解决方案：加一个UPS（不间断稳压电源）加以稳定。

3. CPU 风扇转速过低或 CPU 过热导致重启

一般来说，CPU 风扇转速过低造成 CPU 过热只能造成计算机死机，但由于目前市场上大部分主板均有 CPU 风扇转速过低和 CPU 过热保护功能，它的作用就是在系统运行的过程中，检测到 CPU 风扇转速低于某一数值，或 CPU 温度超过某一数值时，计算机自动重启。这样，如果计算机开启了这项保护功能，则 CPU 风扇一旦出现问题，计算机就会在使用一段时间后不断重启。

检测方法：将 BIOS 恢复默认设置，关闭上述保护功能，如果计算机不再重启，就可以确认是 CPU 风扇转速过低导致的故障。

解决方案：更换大功率 CPU 风扇。

4. 主板电容漏液导致重启

计算机在长时间使用后，部分质量较差的主板电容会漏液。如果仅是轻微漏液，计算机依然可以正常使用，但随着主板电容漏液越来越严重，主板会变得越来越不稳定，出现重启的故障，轻微漏液和严重漏液的主板内容如图 6-5 和图 6-6 所示。

检测方法：将机箱平放，查看主板上的电容，正常电容顶部应该完全平整，部分电容可能存在内凹，但漏液后的电容存在凸起。

解决方案：更换主板，有条件的也可单独更换相应电容。

图 6-5　轻微漏液的主板电容

图 6-6　严重漏液的主板电容

5. 硬盘磁道损坏导致重启

系统在启动过程中出现自检，并无法进入操作系统，而是反复启动，此时就要考虑是否为硬盘磁道损坏问题。

检测方法：使用磁盘坏道检测软件对硬盘进行检测。

解决方案：先将磁盘数据进行备份，然后使用磁盘坏道修复软件（如 CHKDSK 4.0），对于逻辑磁道损坏的修复率可达 100%，物理磁道损坏的修复率可达 80% 左右；也可以用 MHDD 软件对硬盘进行扫描，根据扫描报告，判断硬盘问题，若发现物理磁道损坏的磁盘，因其磁介质已经不稳定，建议不要用于存储关键数据。

6.10　典型故障案例

【案例1】故障现象：台式主机接入电源后自动开机。

故障分析与解决：此类问题有两种情况：一是硬件问题；二是软件BIOS设置问题。硬件问题通常是由于开机按键损坏或短路引起，可通过更换开机按键或电源解决，如果是由于主板开机线路故障引起的，可以通过维修或更换主板解决；软件BIOS设置问题，可开机进入BIOS设置界面找到电源选项设置（将电源选项设置中"PWRON After PWR-Fail"选项设置为"OFF"），将上电自动开机功能关闭，保存设置后退出。BIOS主菜单界面和电源选项界面，如图6-7和图6-8所示。

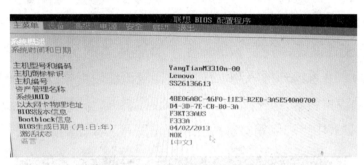

图6-7　BIOS主菜单界面

图6-8　BIOS电源选项界面

【案例2】故障现象：台式主机死机后无法正常启动，只有通过重装系统才能启动。但在设备管理器里出现很多问号，如打印口、COM口等显示没有驱动。

故障分析与解决：此类问题有两种情况：一是接口损坏；二是接口接触不良。如果重装系统、安装驱动程序后，仍不能解决问题，只能对主机进行维修。打开机箱，拔下外部设备，取出主板，进行主板清理。重新安装后若问题仍不能被解决，则为接口损坏，只能更换主机或维修主板。

【案例3】故障现象：计算机频繁死机，在进行BIOS设置时也会出现死机现象。

故障分析与解决：此类故障一般是由于主板设计散热不良或者主板Cache有问题。如果因主板散热不良导致该故障，可在关机后触摸主板上CPU周围元器件，发现其温度过高，在更换大功率风扇之后，即可解决死机故障。如果是Cache造成的，则进入BIOS设置，将Cache禁止即可。当Cache禁止后，机器运行速度肯定会受到影响。如果按上述方法仍无法解决该故障，则证明主板或 CPU 存在问题，只能更换主板或 CPU。

【案例 4】故障现象：无法保存 BIOS 设置的参数。

故障分析与解决：此类故障一般是主板电池电压不足或者 CMOS 跳线设置错误造成的。

解决方法：首先更换 CMOS 电池，如果 CMOS 电池更换后，未能解决问题，则应该检查主板 CMOS 跳线是否有问题。例如，将主板上的 CMOS 跳线错设为清除选项，或者设置成外接电池，也会无法保存 CMOS 数据。如果不是以上原因，则可以判断主板电路是否存在问题，应对主板进行芯片级检修。

【案例 5】故障现象：台式机无法启动硬盘上的操作系统，进入系统界面。

故障分析与解决：此现象通常有两种原因，一是硬盘系统引导模式不正确（MBR 和 GPT）；二是硬盘启动项设置错误。

硬盘系统引导模式设置，安装 Windows 7 以前版本的系统一般采用 MBR 格式，而 Windows 8 或 Windows 10 系统一般采用 GPT 格式，应该在硬盘格式化时设置好；

硬盘系统启动项设置引导，开机后进入 BIOS 设置界面，找到启动选项，打开主要启动顺序，将系统盘从启动列表中上移到第一项后保存退出即可。操作界面如图 6-9～图 6-12 所示。

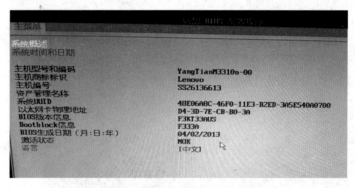

图 6-9　案例 5 操作界面 1

图 6-10　案例 5 操作界面 2

图 6-11　案例 5 操作界面 3

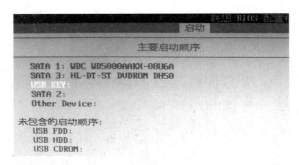

图 6-12　案例 5 操作界面 4

【案例 6】故障现象：有一台主机，配置为 Intel H110M-F 主板、I34170CPU，普通 200 W 电源，每次开机总要反复按几次【Power】键，才能点亮计算机，有时候在检测硬盘时就会停滞，重启一次通常可以解决问题。

故障分析与解决：I34170（盒装）的功率已达到 55 W，而 H110 M-F 主板的电路设计对电源的稳定性要求非常高，主板功率近 90 W，200 W 的普通电源基本满足不了。更换大品牌、大功率的电源，即可排除故障。一些小厂家的劣质电源，会对计算机的各配件造成很大伤害，建议主要部件尽量选正规厂家产品。

【案例 7】故障现象：计算机主要配置为联想扬天主板（H81）与威刚 DDR4 2400 内存，装机、格式化硬盘及安装系统一切正常。但安装完驱动程序之后出现以下故障：计算机开机正常，进入系统后出现蓝屏故障，显示蓝屏代码：0x0000001a。

故障分析与解决：此类蓝屏故障有两种情况，一是劣质配件导致故障，如硬盘有坏道，可以使用 MHDD 进行扫描。二是内存故障，使用系统自带的内存检测工具检测正常，最后根据蓝屏代码含义确定故障为内存不兼容，更换内存条即可。

【案例 8】故障现象：机器开机屏幕出现英文提示 "Fan Error" 报错，无法正常启动。

故障分析与解决：根据英文提示可判断风扇或者主板存在硬件故障，拆机进行检测发现风扇连接线没插紧导致系统报告风扇错误。重新进行插拔固定后，再次开机观察恢复正常。

【案例 9】故障现象：一台台式计算机，开机后进入 BIOS 设置界面，除了可以设置 "用户口令" "保存并退出" "不保存退出" 3 项，其余各项均无法进入。

故障分析与解决：出现这种情况可能是由于 CMOS 存储芯片损坏引起，可以尝试放电处理（拔除 CMOS 电池、短接 CMOS 电池正负极、跳线设置）。如果 CMOS 电池放电后仍无法解决，也可尝试升级 BIOS 程序。若仍未能解决，则可能是 CMOS 存储芯片内部损坏需更换。

【案例 10】故障现象：在使用 Windows 10 操作系统一段时间后系统运行速度变慢，打开任务管理器，发现 CPU 占用率达到了 100%。

故障分析与解决：造成该故障的原因主要有以下三种。

（1）杀毒软件造成的故障，目前市场上的杀毒软件都加入了对网页、插件、邮件的随机监控，给 CPU 和系统增加了负担。建议只安装一个杀毒软件以减少监控服务压力；

（2）驱动程序出错造成的故障，盲目安装非正规渠道下载的驱动程序，导致占用很多的 CPU 资源使用量，从而造成难以发现的隐性故障。建议从设备管理器上删除出现异常的驱动程序，从官网重新下载并安装正版驱动程序；

（3）计算机病毒或木马入侵造成的故障，大量的病毒入侵后在系统内部迅速复制，造成 CPU 占用资源率居高不下。建议使用正规的杀毒软件彻底查杀并清理系统内存和本地磁盘中的病毒，然后再重新启动计算机。

【案例 11】故障现象：某台计算机，在 BIOS 界面查看 MAC 地址时显示 "Not Available"，而在系统内通过命令查询 MAC 地址正常且连接网络使用无异常。其故障现象界面参考图 6-13 所示。

故障分析与解决：在系统内可查询，而在 BIOS 下显示异常，一般是由于 BIOS 软件版本较低引起，可通过官网或 Windows Update 下载 BIOS 软件版本，将 BIOS 升级到指定版本解决此问题。

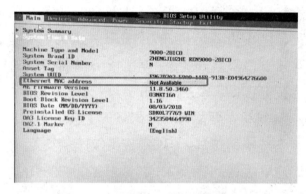

图 6-13　案例 11 故障现象界面

【案例 12】故障现象：一台安装 Windows 10 操作系统的计算机，进入系统后桌面图标持续闪烁，变白后恢复原状，反复如此。

故障分析与解决：可能是系统与安装的应用软件发生冲突引起的。

解决方法：单击"开始菜单→设置→应用→默认应用"，然后单击"重置为 Microsoft 推荐的默认值"下面的"重置"按钮。等待完成后再查看桌面图标是否恢复正常。其故障解决的界面，如图 6-14 所示。

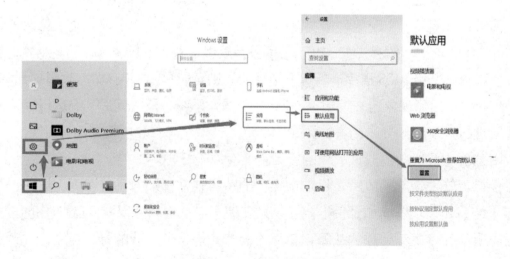

图 6-14　案例 12 故障解决的操作界面

【案例13】故障现象：计算机开机时提示"Invaild system disk"（没有可用系统盘）。

故障分析与解决：该故障是典型的开机时无法找到活动分区。故障的出现大多是用户使用分区管理工具对系统分区活动属性进行错误更改所致。比如预装 Windows 7 品牌机，它的活动分区是硬盘第一个隐藏分区，很多用户为了回收空间，常常擅自为该分区分配盘符，这样重启后就会导致上述故障的出现。

既然是活动分区属性被改变，解决的方法自然是重新激活系统分区。系统分区的属性可以借助 DiskGenius 完成，但由于无法进入系统，分区属性的更改需要借助 PE 系统完成（如果误删系统引导文件，还需复制必需的引导文件到系统分区）。首先下载 DiskGenius，将其解压到 USB 闪存盘 PE 中备用，使用 USB 闪存盘启动到 PE 系统后运行 DiskGenius，在硬盘列表选中系统分区并右击，在弹出的快捷菜单中选择"激活当前分区"选项即可。

【案例14】故障现象：系统分区引导记录没有错误，在每次启动时却出现"Bootmgr is missing, Press Ctrl+Alt+Delete to restart"的提示。

故障分析与解决：提示表明 Windows 的引导文件 Bootmgr 已经丢失。这种故障的出现大多是用户误操作或者病毒感染删除 Bootmgr 所致。

解决方法是：重新将 Bootmgr 复制到系统分区，可以使用 Windows 7 安装光盘启动到 PE，然后将安装光盘根目录下的 Bootmgr 文件复制到系统分区即可。需要注意的是，新版本 Bootmgr 可以引导旧版本 Windows，反之则不可以。因此对于 Windows 7、Windows 8 双系统用户，如果使用安装 Windows 8 之前的 Windows 7 备份系统恢复系统，则会导致启动后提示 Bootmgr 引导签名错误，无法引导 Windows 8 启动，此时使用 Windows 8 安装光盘下的 Bootmgr 覆盖同名文件即可。

【案例15】故障现象：一台计算机配置有 H110 M-F 主板，DDR4 2400 4 GB 内存，WD1TB 硬盘，板载声卡、网卡、显卡。现安装 Windows 8 原版系统，安装过程中弹出如图 6-15 所示的对话框，无法继续进行安装。

故障分析与解决：此类故障表示系统在检测系统性能时出现了问题。在安装完 Windows 以后，需要进行一些基本设置，根据对话框提示可知，现在无法完成对系统的基本设置。

图 6-15　提示安装程序无法将 Windows 配置为在此计算机的硬件上运行

解决方法：当弹出该对话框时，按【Shift+F10】组合键，在弹出的命令窗口中输入"cd oobe"，回车后输入"msoobe.exe"，在弹出的对话框中根据提示完成设置即可。

【案例16】故障现象：一台新购的台式计算机，开机提示"0135 Front FAN2 failure"报错信息。

故障分析与解决：开机按【F1】快捷键进入 BIOS，按【F9】快捷键提示加载默认值后按【F10】键保存退出。

【案例 17】故障现象：系统内核文件出错，或者硬件、服务配置出错导致蓝屏。

在系统启动过程中如前期没有故障，系统会开始加载 Windows 7 的内核和各种硬件、服务配置（加载的顺序由注册表中的对应键值决定），这一阶段最常见的故障是蓝屏。

故障分析与解决：该故障大多是病毒的侵袭，或者安装不兼容的硬件（如虚拟光驱）所造成。

如果上述组件出现故障，则首先尝试使用系统"安全模式"解决。重启后按【F8】键进入高级启动选项，然后选择"最近一次的正确配置（高级）"选项，进入系统后查看是否再次出现类似故障。

如果故障仍然存在，再尝试进入"安全模式"，根据屏幕提示卸载不兼容的硬件。如果仍然无法解决问题，则可以选择"修复计算机"命令进入 WinRE，尝试使用"系统还原"功能恢复系统。若上述手段并未解决问题，还可以使用重装系统的方法来解决问题。

【案例 18】故障现象：台式计算机在机器晃动时会出现间歇性黑屏故障，且机器会自动恢复而不会出现死机现象。

故障分析与解决：这主要是由于主板出现松动或安装不到位，导致主机晃动时触碰到 HDMI 开关，发生 HDMI 切换。

解决方法：重装将主板安装到位或加固螺丝可解决。

【案例 19】故障现象：某台计算机，冷启开机时会出现花屏现象，如图 6-16 所示。但开机使用一段时间（15 分钟左右）或重启后花屏故障消失。

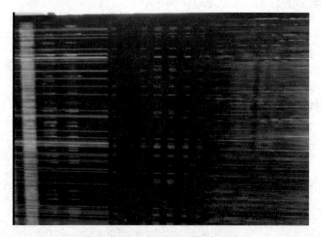

图 6-16　案例 19 故障现象

故障分析与解决：开机花屏通常有两种表现形式。

（1）冷开机花屏。核实计算机是否放置室温低于 10℃的环境中，当计算机在温度低于 10℃时直接开机会造成花屏现象，使用一段时间后计算机温度上升，花屏现象自动消失或者通过重启消失。此种情况，建议将计算机从低于 10℃的低温环境移至常温环境中，并在常温环境下保持 2 小时以上，确保主机温度回升到常温后再开机使用。

（2）间歇性花屏。首先核实在 BIOS 下是否花屏，若仍然存在，则可排除系统软件故障。若在系统下故障复现率很高，而在 BIOS 下无法复现，则可确认卸载集显驱动（控制面板-卸载程序）后故障是否消失，如故障消失则务必恢复原厂系统测试。若故障仍旧，则可优先替换 CPU 测试。针对花屏硬件故障诊断，首先应该核实是显示端还是主机端故障，可通过外接显示器测试判断。

一、填空题

1．计算机故障分析原则有四个，分别为_____原则、先想后做原则、先软后硬由外到内原则、_____原则。

2．计算机故障分析原则中的观察一般包括"看、听、闻、摸"4个步骤。看又分为两个方面，一是看_____，根据_____来分析产生故障的原因。二是看外观包括是否变形、是否变色、是否有裂纹、是否有虚焊等。

3．计算机系统故障解决方法有：_____、_____、_____、_____、诊断卡法、释放电荷法、升降温法。

4．计算机系统故障解决方法中的最小系统是指从维修判断的角度来看，能使计算机故障复现或不复现的最基本的_____和_____。

5．最小系统法中软件最小系统是由_____、主板、_____、内存、显卡、显示器、键盘和_____组成。

6．最小系统法中硬件最小系统是电源、_____、_____、内存、显卡和显示器组成。

7．替换法是用好的部件去代替可能有故障的部件，以_____是否消失来判断的一种维修方法。

8．_____有时能解决隐性的疑难杂症，也是最简单、最容易操作的维修方法。其具体操作是将主机断电（断开主机与电源的连接、如果是笔记本产品还需去掉电池），然后连按_____次主机电源开关，或者连续按住主机电源开关_____秒。

9．_____是指由于计算机系统兼容性配置不当、感染病毒或操作人员使用操作不当等引起无法正常运行的故障现象。

10．CPU散热不良主要表现为_____，甚至_____等故障现象。

二、综合应用

请分析以下故障产生的原因并提出解决方案。

1．某机房计算机，按下【POWER】键后电源灯亮，显示器无反应，硬盘和显示器的电源指示灯闪烁，BIOS报警为短音。

2．一台独立显卡的学生机，在安装了某安全卫士优化系统后，运行一切正常。安装冰点保护软件后，重启开机后蓝屏，但可以进入安全模式。

3．启动计算机时，屏幕上显示"Error Loading Operation System"提示信息。

4．一台计算机，开始时一切正常，使用两年后，每次运行大型软件都会出现蓝屏现象。

模块 7

•••••• 计算机性能测试与系统优化

任务 ⑬ 测试计算机性能

任务描述

　　一台计算机的功能强弱或性能好坏，并不是由某一项指标决定的，而是由它的系统结构、指令系统、硬件组成、软件配置等多方面因素综合决定。整机组装之后，需要对计算机进行测试，了解计算机的实际性能。我们可以通过一些专业测试软件对系统中的CPU、硬盘、内存、显卡、显示器等硬件进行测试。比如，用 CPU-Z 测试 CPU，用 HD Tune Pro 测试硬盘，用 MemTest 测试内存，用 3DMark 测试显卡等。

任务清单

任务清单如表 7-1 所示。

表 7-1　测试计算机性能——任务清单

任务目标	【素质目标】 　　通过 HD Tune Pro（硬盘检测工具）分析结果的应用，培养学生良好的职业素养； 　　通过整机组装后的性能测试，分析确定计算机实际性能，培养学生问题逻辑分析习惯的职业素养。 【知识目标】 　　掌握常用测试软件的使用方法； 　　了解常用测试软件测试结果的分析应用。 【能力目标】 　　能够独立完成计算机硬件的单项性能测试。
任务重难点	【重点】 　　常用测试软件的使用方法； 　　测试软件测试结果的分析应用。 【难点】 　　测试软件测试结果的分析应用。

任务内容	1. 测试 CPU； 2. 测试硬盘； 3. 测试内存； 4. 测试显卡； 5. 测试显示器。
工具软件	实训 PC； 计算机常用测试软件； 计算机性能测试结果记录表。
资源链接	图例、PPT 课件、实训报告单。

任务实施

1. 每组准备计算机一台。

2. 准备如下正版软件并安装。

（1）CPU 信息检测 CPU-Z 1.91。

（2）HD Tune Pro（硬盘检测工具）5.57。

（3）内存检测 MemTest 6.1。

（4）3D 显卡测试大师（3DMark 11）v2.7。

（5）Display-Test 显示器测试。

3. 填写表 7-2，记录性能测试结果，完成实训报告。

表 7-2　计算机性能测试结果记录表

部　　件	性能测试结果
CPU	
硬盘	
内存	
显卡	
显示器	

7.1　测试 CPU

软件名称：CPU 信息检测 CPU-Z 1.91

软件大小：2.45 MB

软件语言：简体中文

应用平台：Windows 10/Windows 8/Windows 7/Windows Vista/Windows 2003/Windows XP

CPU-Z 是一款检测 CPU 信息的免费软件，CPU-Z 能提供全面的 CPU 相关信息报告，其检测信息包括：CPU 名称、厂商、性能、当前电压、L1 及 L2 cache 情况、内核进程、内部和外部时钟等。它支持全系列的 Intel 及 AMD 品牌的 CPU。

CPU-Z 运行主界面，如图 7-1 所示，可以看到处理器、缓存、主板、内存、SPD、显卡等相关信息。由图可知，该 CPU 的型号为 Intel Core i3 4160，核心速度为 3591.43 MHz（3.6 GHz），倍频为 36，可依此求出外频为 100 MHz。也可通过该软件检测 CPU 的指令集以及缓存大小等。

图 7-1　CPU-Z 运行主界面

7.2　测试硬盘

软件名称：HD Tune Pro（硬盘检测工具）5.57

软件大小：394 KB

软件语言：简体中文

应用平台：Windows 10/Windows 8/Windows 7/Windows Vista/Windows 2003/Windows XP

HD Tune 是一款在国内非常流行的硬盘检测软件。下载并运行该软件后，在软件的主界面中首先看到"基准"功能，直接单击右侧的"开始"按钮执行检测，软件将检测硬盘的传输速率、存取时间、CPU 占用率，让用户直观判断硬盘的性能。如果系统中安装了多个硬盘，可以通过主界面上方的下拉菜单进行切换，包括移动硬盘在内的各种硬盘都能够被 HD Tune 支持，通过 HD Tune 的检测，了解硬盘的实际性能与标称值是否吻合，了解各种移动硬盘在实际使用中能够达到的最高速度。

如果希望进一步了解硬盘的信息，可以选择磁盘"信息"选项卡，软件将提供系统中各硬盘的详细信息，如支持的功能与技术标准等，可以通过该标签了解硬盘是否能够支持更高的技术标准，从多方面评估如何提高硬盘的性能，如图 7-2 所示。此外，选择"健康"选项卡，可以查阅硬盘内部存储的运行记录，评估硬盘的状态是否正常。如果怀疑硬盘存在不安全因素，可以选择"错误扫描"选项卡，检查硬盘上是否有坏块，如图 7-3 所示。

这里根据图 7-2 对该软件的功能做一些简单介绍。经常使用的功能有自动噪音管理、磁盘信息、健康状态、错误扫描等。"自动噪音管理"主要用于消除硬盘噪音，尤其是笔记本硬盘；"信息"主要是显示硬盘固件版本、序列号等信息；"健康"则主要测试硬盘各项指标的健康状况、显示硬盘的通电时间，通过此项可以检测是否为翻新硬盘； "错误扫描"则是使用最为频繁的一个功能，主要是检测硬盘是否有坏块，如图 7-4 所示。

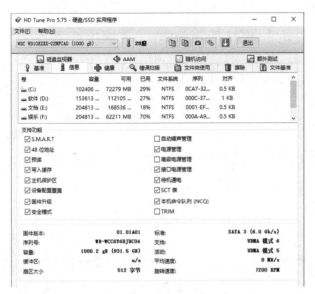

图 7-2 "信息"选项卡界面

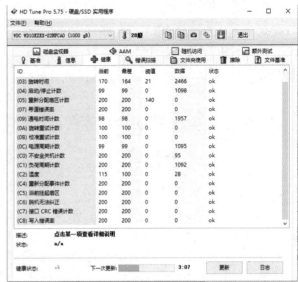

图 7-3 "健康"选项卡界面

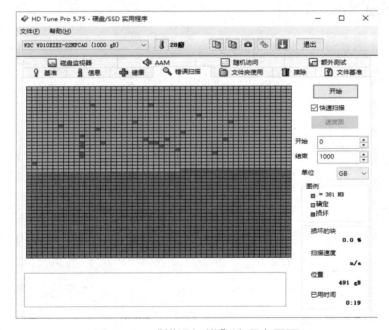

图 7-4 "错误扫描"选项卡界面

在计算机中显示红色的方块即为坏块。可以看出，这块硬盘坏块太多，已经无法进行使用，此时应该及时备份数据并更换硬盘。

7.3 测试内存

软件名称：内存检测 MemTest 6.1

软件大小：17 KB

软件语言：简体中文

应用平台：Windows 10/Windows 8/Windows 7/Windows Vista/Windows 2003/Windows XP

MemTest 是一款内存检测软件，不仅可以彻底检测内存的稳定性，还可以测试其记忆储存与资料检索的能力，让用户掌控目前机器上正在使用的内存是否可信赖。该软件运行过程中可依次出现如图 7-5 所示的测试界面、测试过程界面和测试结果界面。

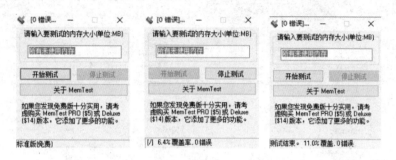

图 7-5　MemTest 运行界面

单击"开始测试"按钮即可开始检测，实时显示覆盖率和错误数。测试结束后如果一切正常，则显示为"0 错误"。如果有错误，则在上图中的"0 错误"处显示错误的数量。

7.4　测试显卡

软件名称：3D 显卡测试大师（3DMark 11）v2.7

软件大小：270 MB

软件语言：简体中文

应用平台：Windows 10/Windows 8/Windows 7/Windows Vista

3DMark 是 Futuremark 公司出品的专门测量显卡性能的软件，它不仅是一款衡量显卡性能的软件，而且已经开始逐渐转变成一款衡量整机性能的软件。

其中，3DMark 11 是专门为测试 PC 游戏效能而设计的，其最大的特点是使用原生 DirectX 11 引擎，在测试场景中应用了包括 Tessellation 曲面细分、多线程在内的大量 DirectX 11 的新特性。3Dmark 11 包含了深海（Deep Sea）和神庙（High Temple）两大测试场景，画面效果堪比 CG（Computer Graphics）电影，3DMark 11 包含 4 个图形测试项目，一项物理测试和一组综合性测试，并重新提供了 Demo 演示模式。

3DMark 11 系统需求：

（1）操作系统：Windows Vista、Windows 7、Windows 8、Windows 10。

（2）处理器：Intel、AMD 1.8 GHz 双核心处理器。

（3）显卡：兼容 DirectX 11。

（4）内存：1 GB。

（5）硬盘：1.5 GB 可用空间。

（6）声卡：兼容 Windows Vista/ Windows 7/Windows 8/Windows 10。

3DMark 11 版本分为基础版（Basic Edition）、高级版（Advanced Edition）、专业版

（Professional Edition）3 种。运行界面，如图 7-6 所示。

这里以"完整 3DMark 11 体验"为例进行测试，在图 7-6 中选中"完整 3DMark 11 体验"单选按钮，单击"运行 3DMark 11"按钮程序开始运行，先后进行深海（Deep Sea）和神庙（High Temple）两大场景、4 个图形项目的测试，最后其测试结果如图 7-7 所示，测试结束。

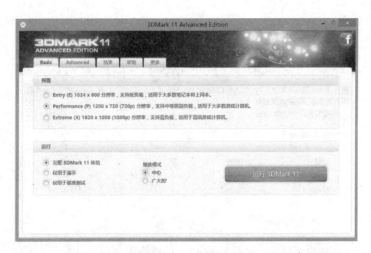

图 7-6　3DMark 高级版（Advanced Edition）运行界面

169

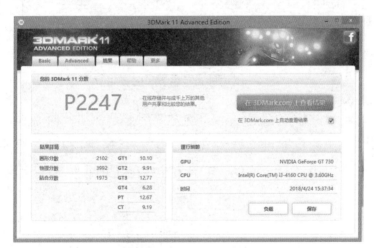

图 7-7　"完整 3Dmark 11 体验"测试结果

从图 7-7 中可看出，右侧下方显示所测试计算机的显卡 GPU 型号和当前 CPU 的主频，左侧下方显示各项参数的分值，上方显示"您的 3DMark 11 分数"为"P2247"。

7.5　测试显示器

软件名称：Display-Test 显示器测试

软件大小：1.73 MB

软件语言：简体中文

应用平台：Windows ALL

购买显示器后可以用 Display-Test 软件对显示器进行测试或调整。该软件是一款显示器测试软件，界面新颖独特，功能齐全，能够对几何失真、四角聚焦、白平衡、色彩还原能力等进行测试。测试显示器的主界面，如图7-8所示，可以分别进行图中相应项目的测试。

显示器坏点测试：显示器的坏点是屏幕上出现的不能显示正常颜色的像素点。在黑屏下不能显示正常的原色叫亮点，白色下不能显示正常的颜色叫暗点，无法显示一种或几种彩色的点叫作彩点。坏点的出现，是液晶屏幕受制造工艺的限制而出现的瑕疵。此功能可根据以上原理对屏幕进行测试。

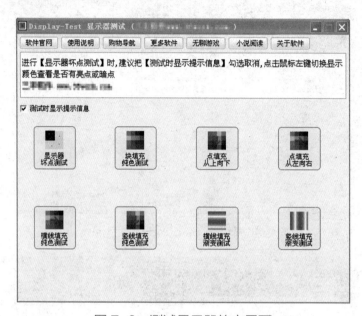

图7-8 测试显示器的主界面

点填充、块填充或者线填充都是以不同的方式对显示器进行坏点测试。

液晶显示器合格的国家标准可简称为335，也就是说，存在3个亮点或者3个暗点、亮点加暗点总数在5个以内都是合格的，而Display-Test能很好地帮助我们检测产品质量。

任务小结

本任务主要讲述了计算机硬件的单项性能测试，分别介绍了CPU信息检测 CPU-Z 1.91、HD Tune Pro（硬盘检测工具）5.57、内存检测 MemTest 6.1、3D显卡测试大师（3DMark 11）v2.7、Display-Test显示器测试等单项性能测试软件的功能和简单操作。通过对计算机各部件测试软件的使用，了解硬件性能情况，掌握常用测试软件的使用方法。

任务 ⑭ 优化计算机系统性能

任务描述

计算机给人们的生活、学习和工作带来了很多便利，现在人们对计算机的整体性能

也有了更高的要求，因此计算机系统的性能优化显得尤为重要。本任务主要讲述当计算机系统运行不佳时，我们应该从哪些方面着手分析，如何根据具体问题使用合适的软件进行优化，以达到计算机系统性能的最佳状态。

任务清单

任务清单如表 7-3 所示。

表 7-3　优化计算机系统性能——任务清单

任务目标	【素质目标】 　　通过分组进行校外社区服务，解决社区居民的各类计算机问题，培养学生积极的心态与客户耐心细致沟通的能力。 　　通过整机组装后的性能优化，分析确定计算机实际性能，培养学生良好的职业素养。 【知识目标】 　　掌握对操作系统进行系统优化的方法； 　　了解常用硬盘优化的方法。 【能力目标】 　　能够独立完成计算机系统的性能优化。
任务重难点	【重点】 　　操作系统进行系统优化的方法； 　　优化后系统性能结果参数的分析应用。 【难点】 　　系统性能测试结果参数的分析应用。
任务内容	1. 手工方式优化系统； 2. 使用 360 安全卫士进行系统优化； 3. 使用优化大师进行系统优化。
工具软件	实训 PC； 计算机常用优化软件。
资源链接	微课、图例、PPT 课件、实训报告单。

任务实施

1．每组准备一台计算机。

2．使用手工方式进行系统优化并做好记录。

3．使用 360 安全卫士进行系统优化并做好记录。

4．使用优化大师进行系统优化并做好记录。

5．填写表 7-4，完成实训报告。

表 7-4　计算机性能优化结果记录表

项　　目	优 化 结 果
手工方式	
360 安全卫士	
优化大师	

7.6 手工方式优化系统

1. 加快 Windows 10 系统启动速度

在 Windows 10 系统桌面按【Win+R】组合键，在弹出的对话框中输入 "msconfig" 命令，弹出 "系统配置" 对话框，选择 "引导" 选项卡，如图 7-9 所示。

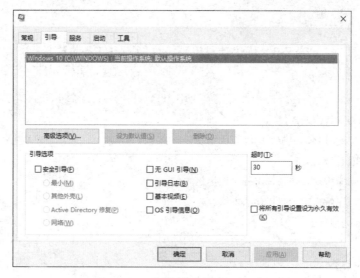

图 7-9 "系统配置"对话框

单击 "高级选项" 按钮，弹出 "引导高级选项" 对话框，可以看到将要修改的设置项，如图 7-10 所示。勾选 "处理器个数" 和 "最大内存" 复选框，处理器个数会自动生成最大值，内存也会自动生成可用内存的最大值，结果如图 7-11 所示。

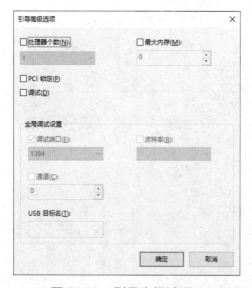

图 7-10 引导高级选项 1

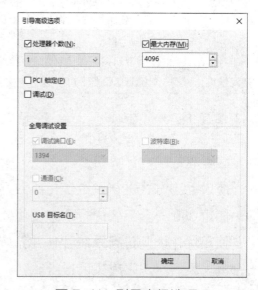

图 7-11 引导高级选项 2

2. 提高 Windows 10 系统关机速度

在 Windows 10 系统桌面，按【Win+R】组合键，在弹出的对话框中输入 "regedit" 命令，可打开 "注册表编辑器" 窗口，如图 7-12 所示。找到 HKEY_LOCAL_MACHINE/

计算机组装与维护（第 5 版）

SYSTEM/CurrentControlSet/Control选项，可以发现其中有"WaitToKillServiceTimeOut"选项，右击该选项，在弹出的快捷菜单中选择"修改"命令，可以看到 Windows 10 默认的数值数据是 5000（代表 5 秒），如图 7-13 所示。

图 7-12　注册表编辑器

图 7-13　编辑字符串

3. 提高窗口的切换速度

Windows 10 的美观性让不少用户大为赞赏，但美观是以降低性能为代价的，Windows 10 系统中窗口在最大化和最小化时增加了特效，一旦关闭此特效，窗口切换速度就会加快，但会失去视觉上的享受，因此修改与否可根据自身情况决定。

若需要关闭此特效，可以右击桌面上的"此电脑"图标，选择"属性"选项，弹出如图 7-14 所示的"系统"窗口。在窗口中选择"高级系统设置"选项，弹出"系统属性"对话框，选择"高级"选项卡，单击"性能"选区中的"设置"按钮，弹出"性能选项"对话框，如图 7-15 所示。Windows 10 系统默认显示所有的视觉特效，这里可以自定义显示效果来提升系统速度。

图 7-14　"系统"窗口

图 7-15　弹出"性能选项"对话框

4. 关闭系统搜索索引服务

此方法非常适用于有良好文件管理习惯的用户，因为其非常清楚每个需要的文件存放在何处，需要使用时可以很快找到，关掉该服务对于节省系统资源是大有帮助的。

首先，打开"控制面板"，查看方式选择"小图标"选项，单击"索引选项"图标，打开"索引选项"对话框，单击"修改"按钮，直接将"更改所选位置"选区中的勾选全部去掉，然后单击"确定"按钮即可关闭索引功能，如图 7-16 所示。

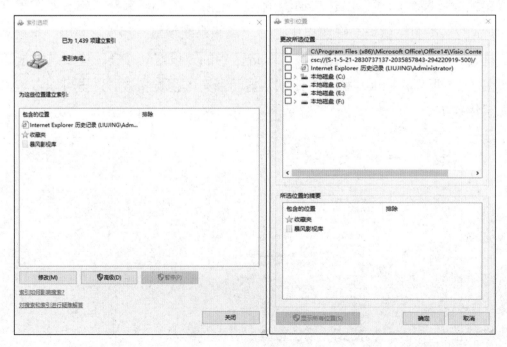

图 7-16　关闭索引功能

5．关闭系统声音

在"控制面板"窗口中选择"声音"图标，打开"声音"对话框，然后在"声音"选项卡中取消Windows 10系统默认勾选的"播放Windows启动声音"复选框即可。

6．工具栏优化

Windows 10系统的工具栏预览功能受到很多用户的喜爱，但是对于计算机配置较低的用户来说，该功能不实用，可以尝试将窗口的预览时间缩短，以此来加快预览速度。

在Windows 10系统桌面，按【Win+R】组合键，在弹出的对话框中输入"regedit"命令，打开"注册表编辑器"窗口，找到"HKEY_CURRENT_USER/Software\Microsoft\Windows\CurrentVersion\Explorer\Advanced"文件夹，如图7-17所示.右击该文件夹，在弹出的快捷菜单中选择"新建→QWORD(64位)值"选项，将其命名为"ThumbnailLivePreviewHoverTime"。

将此项的值修改为十进制的数值，时间单位是毫秒。通常情况下，此值可以根据个人的使用习惯随时修改。修改完成后关闭"注册表编辑器"窗口，重启计算机，该优化生效。

图7-17　注册表编辑器

7．优化系统启动项

这一项操作相信很多计算机用户在之前版本的Windows系统中使用过，利用各种系统优化工具来清理启动项的多余程序可达到优化系统启动速度的目的，这在Windows 10系统中也同样适用。用户在使用过程中不断安装各种应用程序，而其中的一些程序会默认加入系统启动项中，但这对于用户来说也许并非必要，反而造成开机缓慢。一些播放器程序、聊天工具软件等都可以在系统启动完成后，根据自己是否需要再随时打开。

清理系统启动项可以借助一些系统优化工具来实现，在Windows 10系统同样也可以做到，在Windows 10系统桌面，按【Win+R】组合键，在弹出的对话框中输入"msconfig"命令，弹出"系统配置"对话框，选择"启动"选项卡，如图7-18所示。

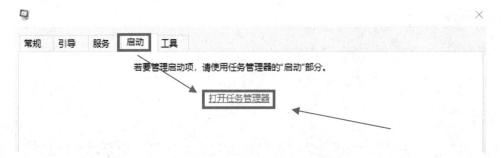

图 7-18　选择"启动"选项卡

单击"打开任务管理器"选项，打开"任务管理器"找到不需要的启动项，右击该选项并选择"禁用"选项，如图 7-19 所示，重新启动计算机后生效，从而加快 Windows 10 系统的启动速度。

图 7-19　任务管理器

7.7　使用 360 安全卫士进行系统优化

360 安全卫士主界面，如图 7-20 所示。此软件拥有查杀木马、清理插件、修复漏洞、计算机体检、清理垃圾等多种常用功能。

图 7-20　360 安全卫士主界面

360安全卫士的功能如下：

（1）电脑体检——对电脑进行详细的检查；

（2）木马查杀——当发现有病毒时，有针对性地查杀；

（3）电脑清理——主要清理系统插件、清理垃圾、清理痕迹、清理注册表；

（4）系统修复——修复常见的上网设置、系统设置；

（5）优化加速——加快开机速度，此功能可有效提高开机的速度；

（6）功能大全——提供几十种各式各样的功能；

（7）软件管家——安全下载软件、小工具。

下面介绍360安全卫士的几项常用功能。

（1）电脑体检功能如图7-21所示。该功能主要针对系统故障、垃圾检测等项目进行检查，发现问题及时进行修复。

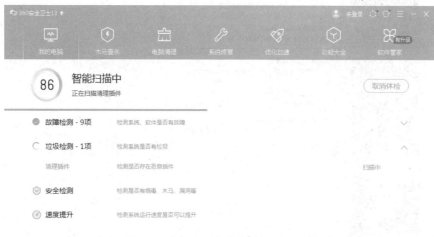

图7-21　电脑体检界面

（2）电脑清理功能如图7-22所示。

图7-22　电脑清理界面

单击图中的"一键清理"按钮，可以清理垃圾文件及清理痕迹等，从而提高计算机的运行速度及磁盘的利用率。

7.8 使用优化大师进行系统优化

Windows优化大师是一款功能强大的系统辅助软件，其运行界面如图7-23所示。它提供了全面有效且简便安全的系统检测、系统优化、系统清理、系统维护四大功能模块及数个附加的工具软件。使用Windows优化大师，能够有效地帮助用户了解自己的计算机软硬件信息，简化操作系统设置步骤，提升计算机运行效率，清理系统运行时产生的垃圾，修复系统故障及安全漏洞、维护系统的正常运转。

图7-23　Windows优化大师的系统优化运行界面

1．Windows优化大师的主要功能

（1）准确的系统信息检测。

Windows优化大师深入系统底层，分析用户计算机，提供详细准确的硬件、软件信息，并根据检测结果向用户进一步提供提高系统性能的建议。

（2）全面的系统优化选项。

全面提供磁盘缓存、桌面菜单、文件系统、网络、开机速度、系统安全、后台服务等项目优化，并向用户提供简便的自动优化向导，能够根据检测对用户计算机软件、硬件配置信息进行自动优化。所有优化项目均提供恢复功能，用户若对优化结果不满意，则可以一键恢复。

（3）强大的清理功能。

① 注册信息清理：快速安全清理注册表。

② 垃圾文件清理：清理选中的硬盘分区或指定目录中的无用文件。

③ 冗余 DLL 清理：分析硬盘中冗余的动态链接库文件，并在备份后予以清除。

④ ActiveX 清理：分析系统中冗余的 ActiveX/COM 组件，并在备份后予以清除。

⑤ 软件智能卸载：自动分析指定软件在硬盘中关联的文件，以及在注册表中登记的相关信息，并在备份后予以清除。

⑥ 备份恢复管理：所有被清理删除的项目均可从 Windows 优化大师自带的备份与恢复管理器中进行恢复。

（4）有效的系统维护模块。

① 驱动智能备份：使用户避免遇到重装系统时寻找驱动程序的困难。

② 系统磁盘医生：检测和修复非正常关机、硬盘坏道等磁盘问题。

③ Windows 系统医生：修复操作系统软件错误。

④ Windows 内存整理：轻松释放内存。释放过程中 CPU 占用率低，并且可以随时中断整理进程，让应用程序有更多的内存可以使用。

⑤ Windows 进程管理：应用程序进程管理工具。

⑥ Windows 文件粉碎：彻底删除文件。

⑦ Windows 文件加密：文件加密与恢复工具。

2. Windows 优化大师优化常见问题

（1）如何优化计算机？

① 打开 Windows 优化大师，进入软件界面。

② 单击"一键优化"按钮，等待自动优化完毕，单击"一键清理"按钮开始自动扫描系统内的垃圾，如图 7-24 所示。

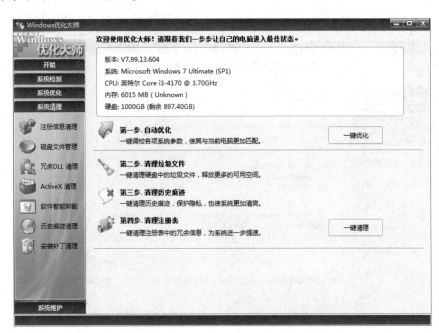

图 7-24 "一键清理"界面

③ 扫描完毕，系统会提示"Windows 优化大师将要删除全部扫描到的文件或文件夹。确定吗？"信息，如图 7-25 所示。单击"确定"按钮，按照提示删除需要清理的文件。

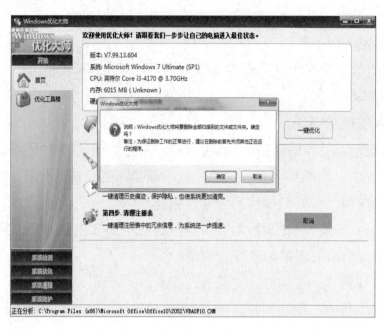

图 7-25 "一键清理报告"界面

④ 此时系统会提示"说明：全部删除前建议您进行注册表备份，要现在备份注册表请单击'是'，如果您已经进行过手动备份请单击'否'"，可根据需要进行选择，如图 7-26 所示。

⑤ 除了"一键清理"功能，系统优化功能还可以根据需要选择，具体包括磁盘缓存优化、桌面菜单优化、文件系统优化、网络系统优化、开机速度优化、系统安全优化、系统个性设置、后台服务优化、自定义设置项等，如图 7-27 所示。

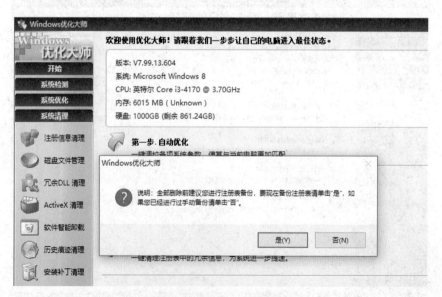

图 7-26 提示界面

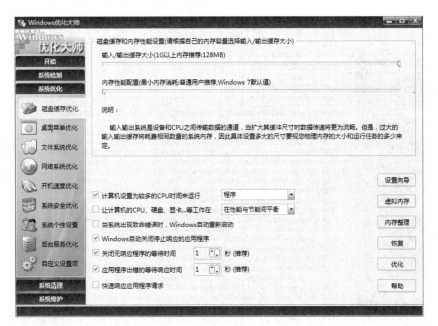

图 7-27　系统优化项目

（2）如何清理系统注册表？

① 在"系统清理"下一级功能菜单中单击"注册信息清理"按钮，然后在右窗侧格中选中要清理的注册表项目。建议选中 Windows 优化大师的推荐选项，并单击"扫描"按钮，如图 7-28 所示。

图 7-28　注册信息清理

② Windows 优化大师开始扫描指定类型的注册表信息，完成扫描后，选中确认属于垃圾信息的选项，并单击"删除"按钮。一般情况下只需单击"全部删除"按钮即可，如图 7-29 所示。

图 7-29　全部删除提示

③ 在弹出的提示用户备份注册表的对话框中，单击"是"按钮开始备份当前注册表，如图 7-30 所示。一旦注册表出现错误，编辑可以通过单击"恢复"按钮将注册表恢复到删除前的状态。

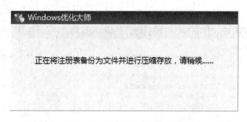

图 7-30　注册表备份提示

④ 弹出确认删除注册表信息的对话框，单击"确定"按钮，并重新启动系统。

注意：

在 Windows 10 系统中频繁的备份注册表会产生大量注册表备份文件，过多的注册表备份文件会占用大量磁盘空间，因此建议在备份当前注册表前将旧的注册表备份文件删除。Windows 优化大师生成的注册表备份文件保存在 Wom\Backup\Registry 文件夹中。

（3）如何对磁盘进行缓存优化？

在很多时候，磁盘系统的性能可能会成为影响计算机性能的主要瓶颈。用户可以使用 Windows 优化大师对磁盘系统的性能进行优化，从而提升计算机系统的整体性能。一般情况下，系统会自动设置使用最大容量的内存作为磁盘缓存。为了避免系统将所有的内存作为磁盘缓存，用户有必要对磁盘缓存空间进行设置，从而保证其他程序对内存的使用请求。

① 打开 Windows 优化大师程序主窗口，在左侧窗格中单击"系统优化"按钮，如图 7-31 所示。

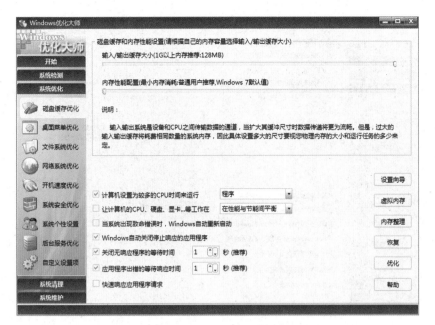

图 7-31　系统优化

② 在打开的下一级菜单中单击"磁盘缓存优化"按钮，这时在右侧窗格中会列出详细的优化项目，其中顶端的滑块用来设置"输入/输出缓存大小"，拖动滑块可以看到 Windows 优化大师会根据计算机的物理内存容量推荐设置的参数。本例中的计算机物理内存容量为 1 GB 以上，因此将滑块拖动到了"128 MB"刻度线处，如图 7-32 所示。

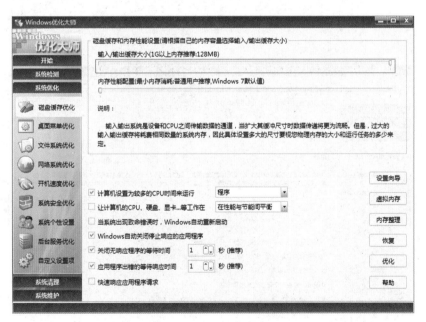

图 7-32　内存容量设置

③ 勾选"计算机设置为较多的 CPU 时间来运行"复选框，并单击右侧的下拉按钮，选择"程序"选项，如图 7-33 所示。

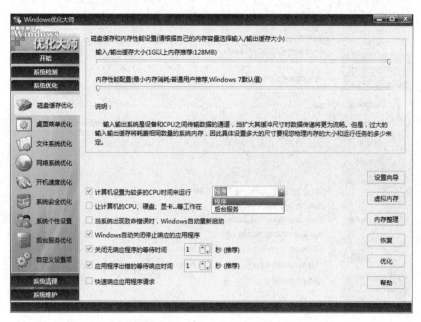

图 7-33　选中"程序"选项

④ 单击"优化"按钮完成优化，根据提示重新启动计算机使设置生效，如图 7-34 所示。

（4）如何清理垃圾文件？

Windows 系统在运行一段时间后，特别是经过频繁的软件安装和卸载操作后，系统中会残留大量的垃圾文件及注册信息。使用 Windows 优化大师能够轻松清理这些垃圾文件和注册信息。

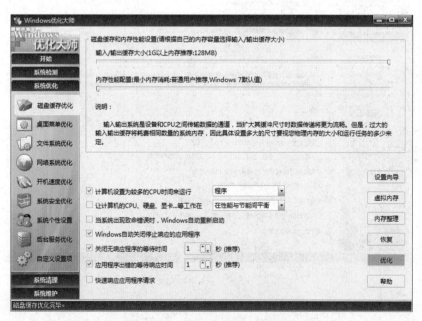

图 7-34　单击"优化"按钮

① 运行 Windows 优化大师，打开程序主窗口。在左边窗格中单击"系统清理"按钮，如图 7-35 所示。

图 7-35　系统清理

② 在打开的下一级菜单中，单击"磁盘文件管理"按钮，在右侧窗格中选中准备清理垃圾文件的磁盘分区，如图 7-36 所示。

注意：

第一次使用该软件进行清理时，可选中所有分区，这样可以保证彻底清理硬盘垃圾文件。再次清理时，可根据实际情况选择硬盘分区。通常情况下，系统分区（一般为 C 盘）中的垃圾文件较多。

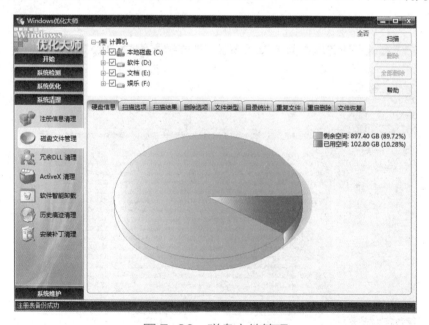

图 7-36　磁盘文件管理

③ 选择"文件类型"选项卡，在"垃圾文件类型"列表中，选中要扫描的垃圾文件类型，并单击"扫描"按钮，如图 7-37 所示。

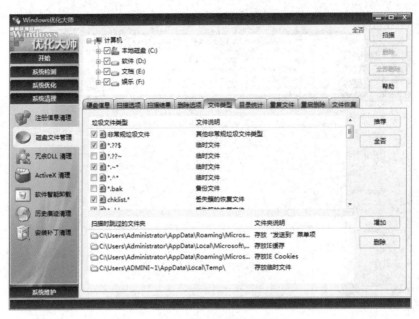

图 7-37　选择清理的文件类型

④ Windows 优化大师开始准备待分析的目录，并扫描指定类型的垃圾文件。完成扫描后，选中确认属于垃圾文件的文件并单击"删除"按钮，如图 7-38 所示。

⑤ 在弹出的确认删除对话框中单击"确定"按钮，即可删除选定的垃圾文件。

注意：

如果能够确定扫描到的所有结果均为系统垃圾文件，则可以单击"全部删除"按钮，删除所有的垃圾文件。

图 7-38　根据扫描结果删除垃圾文件

任务小结

计算机系统优化包括对操作系统的优化和对硬盘的优化，本任务分别介绍了手工方式、

360 安全卫士、Windows 优化大师等系统优化方法。优化软件简单易学，适合计算机初学者掌握。

达标检测 7

一、填空题

1. 图 7-1 中，CPU 的型号是_____，频率是_____。

2. HD Tune 的_____功能可检测硬盘的传输、存取时间、CPU 占用率，从而直观地判断硬盘的性能。

3. MemTest 是一款_____检测软件。

4. 3DMark 是一款_____检测软件。

5. Display-Test 是一款_____检测软件。

6. 在 Windows 10 系统中按【Win+R】组合键，在弹出的对话框中输入_____命令，可打开"注册表编辑器"窗口。

7. 在 Windows 10 系统中按【Win+R】组合键，在弹出的对话框中输入_____命令，可弹出"系统配置"对话框。

8. 要增加虚拟内存，右击"此电脑→属性→高级系统设置→_____→高级→更改"选项，将"处理器计划"都调整为"程序"优化模式。单击"更改"按钮，打开虚拟内存设置窗口，若大于 256 MB，则建议禁用使用分页文件。

二、综合应用

1. 使用一款测试硬盘的软件（自选），查明硬盘的名称、容量、转速、接口形式并记录下来。

2. 使用一款测试硬盘的软件（自选），查明硬盘的坏道并记录下来。

3. 使用一款综合测试的软件（自选），查明声卡、网卡、显卡、内存的各项技术指标。

4. 情景：小琴的电脑配置：H81 主板，整体性能不错，但是 CPU 性能较低，想换一个 H81 支持的顶配 CPU，但是又不知道当前 CPU 的信息。

要求：请你选择一款软件，帮她查明 CPU 的名称、型号、工艺、规格、并记录下来以供更换 CPU 时使用。

反侵权盗版声明

电子工业出版社依法对本作品享有专有出版权。任何未经权利人书面许可，复制、销售或通过信息网络传播本作品的行为；歪曲、篡改、剽窃本作品的行为，均违反《中华人民共和国著作权法》，其行为人应承担相应的民事责任和行政责任，构成犯罪的，将被依法追究刑事责任。

为了维护市场秩序，保护权利人的合法权益，我社将依法查处和打击侵权盗版的单位和个人。欢迎社会各界人士积极举报侵权盗版行为，本社将奖励举报有功人员，并保证举报人的信息不被泄露。

举报电话：（010）88254396；（010）88258888

传　　真：（010）88254397

E-mail：　　dbqq@phei.com.cn

通信地址：北京市万寿路 173 信箱

　　　　　电子工业出版社总编办公室

邮　　编：100036